# 焊接机器人系统集成技术

主　编　孙慧平

副主编　刘淑珍

参　编　谢　奎　张银辉

ZHEJIANG UNIVERSITY PRESS

浙江大学出版社

·杭州·

**图书在版编目（CIP）数据**

焊接机器人系统集成技术 / 孙慧平主编 . — 杭州 ：
浙江大学出版社，2022.6
ISBN 978-7-308-22233-4

Ⅰ. ①焊… Ⅱ. ①孙… Ⅲ. ①焊接机器人－系统集成
技术 Ⅳ. ①TP242.2

中国版本图书馆 CIP 数据核字（2022）第 008455 号

# 焊接机器人系统集成技术

HANJIE JIQIREN XITONG JICHENG JISHU

主　编　孙慧平

副主编　刘淑珍

责任编辑　吴昌雷

责任校对　王　波

封面设计　程　晨

出版发行　浙江大学出版社
　　　　　（杭州市天目山路 148 号　邮政编码 310007）
　　　　　（网址：http://www.zjupress.com）

排　　版　杭州朝曦图文设计有限公司

印　　刷　浙江嘉报设计印刷有限公司

开　　本　787mm×1092mm　1/16

印　　张　12.25

字　　数　291 千

版 印 次　2022 年 6 月第 1 版　2022 年 6 月第 1 次印刷

书　　号　ISBN 978-7-308-22233-4

定　　价　39.00 元

# 前　言

　　焊接技术广泛应用于车辆、压力容器、船舶等制造业。手工焊接劳动强度大、技术要求高、生产效率低,焊接质量完全取决于操作人员的技术水平。随着焊接件大型化、复杂化、精密化,对焊接系统的稳定性、可靠性,以及焊接过程的一致性要求越来越高。因此,使用焊接工业机器人系统进行焊接构件的自动化生产,几乎成为中国焊接生产制造领域的唯一选择。

　　中国焊接工业机器人研究起步晚,制造质量有待提高,在大批量生产领域还是以国外焊接机器人品牌为主。国内外焊接机器人的种类繁多,不同的生产领域、不同的焊接方法使用不同品牌的机器人。焊接领域常用的工业机器人有库卡(KUKA)、ABB、发那科(FANUC)、安川及其他合资品牌等。不同的焊接基材、不同的焊接方法,选用的焊接电源也不尽相同,奥地利的福尼斯(Fornius)、芬兰的肯比(Kemppi)、国产的深圳麦格米特(MEGMENT)、美国的林肯(Lincoln)、日本的松下(Panasonic)等品牌是国内常用的机器人焊接系统的焊接电源品牌。本书将以这些品牌的机器人和焊接电源为例,阐述焊接机器人系统的集成方案、典型设备的选型设计计算以及集成系统的控制程序编写与调试工作。

　　本书由多年从事焊接机器人应用研究工作,以及焊接机器人系统集成技术教学的本科、高职和技师学院的一线教师联合完成。宁波工程学院的孙慧平任主编、刘淑珍任副主编,慈溪技师学院的谢奎、张银辉参加了部分书稿的修改,以及教学视频、图片拍摄和处理工作,珠海汉迪自动化设备有限公司的李晓五为本书的开发提供了重要帮助。

　　机器人焊接技术是一门发展十分迅速、系统构成形式复杂、焊接工艺针对性非常强的实用性技术,参加编写的人员只具备某一方面的专长和实践经验,实践操作水平有限,书稿和视频中不当之处在所难免,敬请读者和业内人士提出宝贵修改意见,并将意见和建议反馈至 E-mail:hpsun@126.com,不胜感激。

　　在编写过程中,我们参阅了各机器人和焊机生产厂家的技术和培训资料,以及从事焊接技术、机器人应用以及 PLC 系统集成人员的研究和教学成果,在此向原作者表示衷心感谢!

编者

2022年1月于宁波

# 导　读

## 一、本书结构

按照焊接机器人系统集成技术的研究范围,本书由基础知识篇、集成技术篇和实例运用篇三部分组成。

**基础知识篇,**包括第1章"工业机器人技术基础",第2章"焊接机器人系统的设备与工艺"和第3章"工业机器人PLC控制基础"。该篇主要介绍工业机器人的结构特点、控制方式、分类和运用领域;焊接基础知识、常见焊接设备和焊接工艺规程;PLC控制知识、PLC编程方法和PLC通信等。

**集成技术篇,**包括第4章"焊接机器人系统集成方案规划",第5章"机器人焊接系统设备选型与设计",以及第6章"焊接机器人系统集成控制技术"。该篇主要介绍系统集成解决方案的常用方法及实践过程;工业机器人、焊接电源、焊接辅助工具,以及非标外部设备的选型计算与设计过程;系统控制的常见硬件的功能,程序编写与调试方法。

**运用实例篇,**包括第7章"MIG/MAG焊接工业机器人系统的集成"和第8章"TIG焊接工业机器人系统的集成"。该篇以现场实例介绍系统集成的设计、安装与调试过程,既可供初学者学习,也可以供企业工程技术人员参考。

## 二、学习重点

本书在整体上形成一个系统框架,各章既相对独立,又相互关联。读者可以根据自己的需要,有选择地学习和查阅。

(1)对于只需要了解工业机器人、MIG/MAG焊接和TIG焊接的读者,可以只阅读第1章和第2章;对于需要了解焊接工业机器人系统基本概况的读者,阅读第1章至第3章即可。

(2)对于需要全部了解和学习焊接机器人集成技术的读者,则建议在全部学习基础知识篇的基础上,学习第4章至第6章相对应的内容。比如重点了解系统集成解决方案的读者只需要阅读第4章,需要完成设备选型和设计的读者需要阅读第4章和第5章。

(3)对于具备焊接工业机器人系统基础知识,重点在于实践操作的读者,只需要根据焊接方法,阅读相关的第7章或第8章。

目录

# 基础知识篇

## 集成技术篇

## 应用实例篇

# 基础知识篇

JICHU ZHISHI PIAN

# 学习任务

## 知识目标

·熟悉工业机器人的结构特点及适用领域；

·熟悉焊接系统的主要组成形式；

·了解焊接机器人系统的主要设备特点。

## 能力目标

·能够根据焊接工作性质选择合适的焊接设备；

·能够根据焊接工艺参数选定适用的工业机器人；

·能够完成焊接系统周边设备的选择。

# 1.1　工业机器人的定义及发展

## 1.1.1　工业机器人的定义

工业机器人是机器人家族中的重要一员，也是目前技术上最成熟、应用最多的一类机器人。世界各国对工业机器人没有统一的定义，工业机器人主要生产国家和国际标准化组织均给出了各自的定义。

美国工业机器人协会(RIA)认为"工业机器人是一种用来搬运物料、部件、工具或专门装置的可重复编程的多功能操作器，并可通过改变程序的方法来完成各种不同任务"。日本工业机器人协会(JIRA)则将工业机器人定义为"一种装备有记忆装置和末端执行器能够完成各种移动来代替人类劳动的通用机器"。德国标准(VDI)中的定义则为"工业机器人是具有多自由度的、能进行各种动作的自动机器，它的动作是可以顺序控制的，轴的关节角度或轨迹可以不靠机械调节而由程序或传感器加以控制。工业机器人具有执行器、工具及制造用的辅助工具，可以完成材料搬运和制造等操作"。国际标准化组织(ISO)对工业机器人的定义是"一种能自动控制，可重复编程，多功能、多自由度的操作机，能搬运材料、工件或操持工具，来完成各种作业"。

20世纪60年代诞生了世界上第一台工业机器人，其作业能力仅限于完成上下料这类简单的工作。此后工业机器人进入了一个缓慢的发展期。直到20世纪80年代，为满足汽车行业蓬勃发展的需要，工业机器人产业才得到了巨大的发展，成为机器人发展的一个里程碑。1980年通常被称为"机器人元年"。这个时期开发出了点焊、弧焊、喷涂以及搬运等四大类型工业机器人，其系列产品已经成熟并形成产业化规模。

20世纪80年代之后，为了进一步提高产品质量和市场竞争力，相继开发成功了装配机器人和柔性装配线，装配机器人和柔性装配技术得到了广泛的应用，并进入了快速发展时期。当前，工业机器人已发展成为一个庞大的家族，并与数字控制（NC）、可编程控制器（PLC）一起成为工业自动化的三大关键技术，广泛应用于制造业各个领域。

### 1.1.2 工业机器人的总体发展趋势

#### 1. 全球工业机器人行业现状和发展趋势

1962年美国推出 Unimate 型和 Versatra 型工业机器人之后，工业机器人在发达国家得到了迅速发展。2000年全世界工业机器人的总数达到82万台，其中日本拥有42万台，占全世界机器人总数的50%左右，继续保持"工业机器人王国"地位。美国在1970—1980年的10年间，工业机器人台数增加了20倍以上，尽管其拥有的机器人在台数上不如日本，但技术水平较高。1998年，美国拥有8万多台机器人，德国则有7万多台，分别占世界机器人总数的15%和13%左右，世界排名第2位和第3位。韩国的机器人产业发展迅速，世界排名第5位。日本、韩国和新加坡的制造业中每万名雇员拥有的工业机器人数量位居世界前3名，西欧的意大利、法国、英国和东欧的匈牙利、波兰以及北美的加拿大等国家的工业机器人制造及应用也都有很大发展。

2008年的全球金融风暴导致工业机器人的销量急剧下滑，2010年全球工业机器人市场逐步从2009年的谷底恢复。2011年是全球工业机器人市场自1961年以来的行业顶峰，全年销售达16.6万台。2012年全球工业机器人销量为15.9万台，略有回落，主要原因是电气电子工业领域的销量有所下滑，但汽车工业机器人销量延续增长态势。随着全球制造业产能自动化水平的提升，特别是中国制造业的升级，2017年全球工业机器人销量达到了34.6万台，中国销量占比39.3%以上，年复合增长率为17.6%，

2012年全球机器人本体市场容量为530亿元，本体加集成的市场容量通常按本体的3倍左右估算，工业机器人集成的市场总容量将达到1600亿元。据不完全统计，2013—2017年，包含本体和集成在内的全球工业机器人市场，年复合增长率约为11%，2017年全球工业机器人市场容量将达到2700亿元。

全球工业机器人本体市场以中、欧、美、日、韩为主，日本、美国、德国、韩国和中国等5个国家的工业机器人存量占全球的比例达71.24%，销量达69.92%。在全球工业机器人本体市场，瑞典的 ABB、德国的 KUKA、日本的 FANUC 和安川等机器人四大龙头企业的年销售收入占全球的比例超过50%，是这一领域的绝对强者。在工业机器

人系统集成方面,除了机器人本体企业的集成业务,知名独立系统集成商还有德国的杜尔(DURR)、徕斯(REIS)和意大利的柯马(COMAN)等。

**2.中国工业机器人行业现状和发展趋势**

我国工业机器人起步于20世纪70年代初期,随着改革开放方针的实施,我国机器人技术的发展得到政府的重视和支持。20世纪80年代中期国家组织的对工业机器人需求的行业调研表明:对第一代工业机器人的需求主要集中在汽车行业,约占总需求的60%~70%。"七五"期间,由机电部主持,中央各部委、中科院及地方科研院所和大学参与,国家投入大量资金进行了工业机器人基础技术、基础元器件、工业机器人整机及应用工程的开发研究。经过五年攻关,完成了示教再现式工业机器人的机械手、控制系统、驱动转动单元、测试系统的设计、制造和应用的成套技术,以及小批量生产的工艺技术的开发,研制出了喷漆、弧焊、点焊和搬运等作业机器人整机。一些专用和通用控制系统,关键元器件、零部件的主要性能指标达到了20世纪80年代初国外同类产品的水平,并形成了小批量生产能力。经过20世纪80年代后5年的努力,我国的工业机器人技术发展基本上可以立足于国内。20世纪90年代中期,国家选择焊接机器人的工程应用为重点进行开发研究,从而迅速掌握焊接机器人成套开发、关键设备制造、工程配套、现场运行等技术。20世纪90年代后半期是实现国产机器人的商品化,为产业化奠定基础的时期。

2017年中国国产机器人的产量为13.1万台,2018—2020年中国工业机器人产量的年增速达到20%~30%。3C消费电子需求占比提高明显,预计未来两年将代替汽车成为工业机器人销量第一大领域。在工业机器人领域,中国总体上是净进口国,依赖进口国际高端品牌以满足国内市场需求。国内机器人企业在上游核心零部件、中游本体及下游集成应用等方向正多点寻求突破,专业化的集成应用领域有望成为突破口。

从工业机器人密度看,中国约为49台/万人,不仅低于世界平均水平(69台/万人),与发达国家的600台/万人以上的密度相比差距更大,全球机器人应用大国的汽车行业机器人密度普遍高于1000台/万人。

# 1.2 工业机器人的基本组成及技术参数

## 1.2.1 工业机器人的系统组成

工业机器人本体组成

工业机器人由机械本体、驱动系统和控制系统三个基本部分组成。机械本体是工业机器人的躯干,包括机座和执行机构,部分机器人还有行走机构。执行机构通常分为臂部、腕部和手部;驱动系统包括动力装置和传动机构,用以驱动执行机构产生相应的动作;控制系统是工业机器人的大脑,按照输入的程序对驱动系统和执行机构发出指令信号,并进行控制。

工业机器人按臂部的运动形式分直角坐标型、圆柱坐标型、球坐标型、关节坐标型等四种,关节坐标型又分为空间关节型和平面关节型,如图1-1所示。直角坐标型的臂部可沿三个直角坐标移动;圆柱坐标型的臂部可作升降、回转和伸缩动作;球坐标型的臂部能回转、俯仰和伸缩;关节坐标型的臂部有多个转动关节。

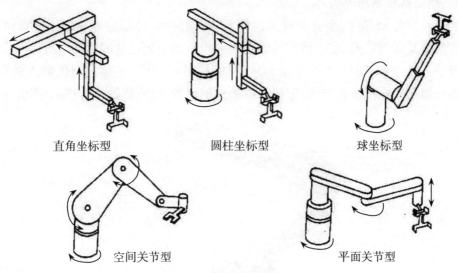

直角坐标型　　　　　　　圆柱坐标型　　　　　　　球坐标型

空间关节型　　　　　　　　　　平面关节型

图1-1　机器人的坐标分类

工业机器人按执行机构运动的控制功能可分点位控制型和连续轨迹型。点位控制型机器人只控制执行机构由一点到另一点的准确定位,适用于机床上下料、点焊和一般搬运、装卸等作业;连续轨迹型可控制执行机构按给定轨迹运动,适用于连续焊接和涂装等作业。

工业机器人按程序输入方式可分为编程输入型和示教输入型两类。编程输入型是将计算机上已编好的作业程序文件,通过RS232串口或者以太网等通信方式传送给机器人控制系统。示教输入型有两种示教方法:一种是由操作者通过手动示教操纵盒将指令信号传给驱动系统,使执行机构按要求的动作顺序和运动轨迹运行;另一种是由操作者直接移动执行机构,按要求的动作顺序和运动轨迹运行。在示教过程的同时,工作程序的信息即自动存入程序存储器中。在机器人自动工作时,控制系统从程序存储器中调出相应的信息,将指令信号传给驱动机构,使执行机构再现示教的各种动作。示教输入程序的工业机器人称为示教再现型工业机器人。

具有触觉、力觉、简单的视觉的工业机器人能在较为复杂的环境下工作,具有识别功能或更进一步增加自适应、自学习功能,即成为智能型工业机器人。这种机器人能够按照给定的"宏指令"自选或自编程序去适应环境,自动完成更为复杂的工作。

**1.工业机器人的本体**

工业机器人的本体由机座、腰部、大臂、小臂、手腕、末端执行器和驱动装置组成,共有六个自由度,依次为腰部回转、大臂俯仰、小臂俯仰、手腕回转、手腕俯仰、手腕侧摆,如图1-2所示。

基座是机器人的基础部分,起支撑作用,整个执行机构和驱动装置都安装在基座上。

腰部是机器人手臂的支撑部分,腰部回转部件包括腰部支架、回转轴、支架、谐波减速器、制动器和驱动电机等。

大臂及其传动部件,小臂及减速齿轮箱、传动部件、传动轴等零部件主要控制机器人的位置及运动范围,在小臂前端固定着三个驱动手腕运动的驱动电机。

腕部包括手腕壳体、传动齿轮和传动轴、机械接口等,主要控制机器人的姿态。末端执行器安装在机器人腕部,根据抓取物体的形状、材质等选择合理的结构。

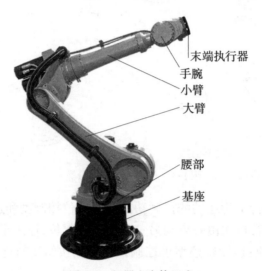

图1-2　机器人本体组成

### 2.机器人驱动系统

用以驱动机器人运行的动力源和在各个关节(即每个运动自由度)处安装的传动装置就是机器人驱动系统。驱动系统常用液压、气动或电动传动,也可以是几种动力结合起来应用的综合系统;可以采用直接驱动或者通过同步带、链条、轮系、谐波齿轮等机械传动机构进行间接驱动。

在工业机器人中广泛采用的机械传动单元是减速器。与通用减速器相比,机器人关节减速器要求具有传动链短、体积小、功率大、质量轻和易于控制等特点。机器人常用RV减速器和谐波减速器。RV减速器一般用在腰关节、肩关节和肘关节等重载位置处,而谐波减速器常用于手腕的三个关节等轻载位置处。

谐波减速器由固定的刚性内齿轮、一个工作时可产生径向弹性变形并带有外齿的柔轮和一个装在柔轮内部、呈椭圆形、外圈带有柔性滚动轴承的波发生器等3个基本构件组成。波发生器转动时迫使柔轮的截面由原先的圆形变为椭圆形,其长轴两端附近的齿与刚性轮上的齿完全啮合,而短轴两端附近的齿则与刚性轮完全脱开,周长上其他区段的齿则处于啮合和脱离的过渡状态。谐波传动原理如图1-3所示。

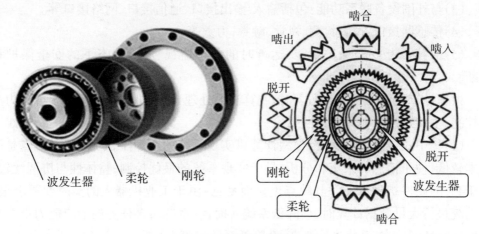

图1-3　谐波传动原理

RV减速器是由一级渐开线圆柱齿轮行星减速机构和二级摆线针轮行星减速机构组成,是一种封闭差动轮系。与谐波减速器相比,RV减速器具有较高的疲劳强度和刚度以及较长的寿命、回转精度稳定,而谐波传动随着使用时间的增长,运动精度将显著降低。一般高精度机器人传动大多采用RV减速器。RV减速器有逐渐取代谐波减速器的趋势。

在工业机器人中常用的驱动电机是交流伺服电机。交流伺服电机在其额定转速以内都能输出额定转矩,在额定转速以上则为恒功率输出。交流伺服电机具有较强的过载能力,具有速度过载和转矩过载能力,其最大转矩可达额定转矩的三倍,可用于克服惯性负载在启动瞬间的惯性力矩。

### 3.工业机器人控制系统的组成

机器人控制系统是根据指令以及传感信息控制机器人完成一定动作或作业任务的装置,是机器人的大脑,决定着机器人功能和性能。工业机器人的控制系统由硬件和软件两部分组成:硬件主要由传感装置、控制装置及关节伺服驱动部分组成;软件包括运动轨迹规划算法和关节伺服控制算法与相应的工作程序。传感装置分为内部传感器和外部传感器:内部传感器主要用于检测工业机器人内部的各关节的位置、速度和加速度等;外部传感器是可以使工业机器人感知工作环境和工作对象状态的视觉、力觉、触觉、听觉、滑觉、接近觉、温度觉等传感器。控制装置用于处理各种感觉信息,执行控制软件,产生控制指令。关节伺服驱动部分主要根据控制装置的指令,按作业任务的要求驱动各关节运动。

工业机器人控制系统的主要任务就是控制工业机器人在工作空间中的运动位置、姿态和轨迹、操作顺序及动作的时间等,应当具有如下基本功能。

（1）示教功能：包括在线和离线两种示教功能。

（2）记忆功能：存储作业顺序、运动路径和方式及与生产工艺有关的信息等。

（3）与外围设备联系功能：包括输入/输出接口、通信接口、网络接口等。

（4）传感器接口：位置检测、视觉、触觉、力觉等。

（5）故障诊断安全保护功能：运行时的状态监视、故障状态下的安全保护和自诊断。

根据计算机结构、控制方式和控制算法的处理方法，机器人控制系统可分为集中式控制、主从式控制和分布式控制。

（1）集中式控制：利用一台微型计算机实现系统的全部控制功能。其优点是硬件成本较低，便于信息的采集和分析，易于实现系统的最优控制，整体性与协调性较好，基于 PC 的硬件扩展方便。其缺点也显而易见：由于工业机器人的实时性要求很高，当系统进行大量数据计算时，会降低系统实时性，系统对多任务的响应能力也会与系统的实时性相冲突；系统连线复杂，会降低系统的可靠性。

（2）主从式控制：采用主、从两级处理器实现系统的全部控制功能。主 CPU 实现管理、坐标变换、轨迹生成和系统自诊断等；从 CPU 实现所有关节的动作控制。主从式控制方式系统实时性较好，适于高精度、高速度控制，但其系统扩展性较差，维修困难。

（3）分布式控制：主要思想是"分散控制，集中管理"。分布式系统常采用两级控制方式，由上位机和下位机组成。上位机（机器人主控制器）负责整个系统管理以及运动学计算、轨迹规划等；下位机由多个 CPU 组成，每个 CPU 控制一个关节运动。上、下位机通过通信总线相互协调工作，通信总线可以采用 RS-232、RS-485、EEE-488 以及 USB 总线等形式。以太网和现场总线技术的发展为机器人提供了更快速、稳定、有效的通信服务。

对于具有多自由度的工业机器人而言，集中控制对各个控制轴之间的耦合关系处理得很好，可以很简单地进行补偿。当轴的数量增加到使控制算法变得很复杂时，其控制性能会恶化。而当系统中轴的数量或控制算法变得很复杂时，可能会导致系统的重新设计。与之相比，分布式结构的每一个运动轴都由一个控制器处理，系统有较少的轴间耦合和较高的系统重构性。

**4. 示教编程器**

示教编程器也称示教器或示教盒，主要由液晶屏幕和操作按键组成，可由操作者手持操作。它是机器人的人机交互接口，机器人的所有操作基本上都是通过示教器完成的，如点动机器人，编写、测试和运行机器人程序，设定、查阅机器人状态设置和位置等。

示教器是工业机器人控制系统的主要组成部分，其设计与研究均由各厂家自行研制。市场占有率较高的著名品牌主要有德国的 KUKA  Roboter，瑞典的 ABB

Robotics，日本的FANUC、Yaskawa(安川电机)等四大家族，以及日本川崎重工、OTC，德国CLOOS、REISKUKA、美国Adept Technology、American Robot、Emerson Industrial Automation、S-TRobotics、Miler，意大利COMAU，英国Auto-TechRobotics，加拿大Jcd International Robotics，以色列Robo group Tek，奥地利IGM等公司。

**5.工业机器人的运动轨迹与位置控制**

机器人的作业实质是控制机器人末端执行器的位置和姿态，以实现点位运动或连续路径运动。

(1)点位运动(PTP)：点位运动只关心机器人末端执行器运动的起点和目标点的位置和姿态，而不关心这两点之间的运动轨迹。

(2)连续路径运动(CP)：连续路径运动不仅关注机器人末端执行器达到目标点的精度，而且必须保证机器人能够沿着所期望的轨迹在一定的精度范围内重复运动。机器人连续路径运动的实现是以点位运动为基础，通过在相邻两点之间采用满足精度要求的直线或圆弧轨迹插补运算来实现轨迹的连续化。机器人再现时，主控制器(上位机)从存储器中逐点取出各示教点空间位姿坐标值，通过对其进行直线或圆弧插补运算，生成相应路径规划，然后把各插补点的位姿坐标值，通过机器人运动学逆向解运算换成关节角度值，分别送至机器人各关节或关节控制器，从而实现连续路径运动。

## 1.2.2 工业机器人的主要技术参数

表示机器人特性的基本参数和性能指标主要有工作空间、自由度、有效负载、运动精度、运动特性、动态特性等，它们反映机器人的适用范围和工作性能，是选择、使用机器人必须考虑的问题。

**1.工作空间**

工作空间是指机器人臂杆的特定部位在一定条件下所能到达空间的位置集合。工作空间的形状和大小反映了机器人工作能力的大小。在选择机器人的工作空间时，要注意以下几点。

(1)工业机器人说明书中表示的工作空间是指手腕上机械接口坐标系的原点在空间上所能达到的范围，即手腕端部法兰的中心点在空间所能到达的范围，而不是末端执行器端点所能达到的范围。因此，在设计和选用时，要注意安装末端执行器后，机器人实际所能达到的工作空间。

(2)说明书上提供的工作空间往往要小于运动学意义上的最大空间。这是因为在可达空间中，手臂位姿不同时，有效负载、允许达到的最大速度和最大加速度都不一样，在臂杆的最大位置允许的极限值通常要比其他位置的小些。此外，在机器人的最大可达空间边界上可能存在自由度退化的问题，此时的位姿称为奇异位形，而且在奇异位形周围相当大的范围内都会出现自由度进化现象，这部分工作空间在机器人工作时中是不能被利用的。

(3)实际应用中的工业机器人还可能由于受到机械结构的限制,在工作空间的内部也存在着臂端不能达到的区域,这就是常说的空腔或空洞。空腔是指在工作空间内臂端不能达到的完全封闭空间;而空洞是指在沿转轴周围全长上臂端都不能达到的空间。

### 2.自由度

自由度是用以表示机器人动作灵活程度的参数,即工业机器人在空间运动所需的变量数,一般是以沿轴线移动和绕轴线转动的独立运动的数目来表示。

自由物体在空间有三个转动自由度和三个移动自由度,而工业机器人通常采用开式连杆系,每个关节运动副只有一个自由度,因此,机器人的自由度数就等于其关节数。机器人的自由度数目越多,功能就越强。工业机器人通常具有4~6个自由度。当机器人的关节数(自由度)增加到对末端执行器的定向和定位不再起作用时,便出现了冗余自由度。冗余自由度的出现增加了机器人工作的灵活型,但也使控制变得更加复杂。

工业机器人在运动方式上,可以分为直线运动(P)和旋转运动(R)两种,通常应用简记符号P和R表示运动自由度的特点,如RPRR表示机器人操作机具有四个自由度,从基座开始到臂端,关节运动的方式依次为旋转—直线—旋转—旋转。

### 3.有效负载

有效负载是指机器人在工作时臂端可能搬运的物体重量或所能承受的力或力矩,用以表示其负荷能力。机器人在不同位姿时,允许的最大可搬运质量是不同的,机器人的额定可搬运质量是指其臂杆在工作空间中任意位姿时,腕关节端部都能搬运的最大质量。

### 4.运动精度

机器人的运动精度包括位姿精度、重复位姿精度、轨迹精度、重复轨迹精度等。位姿精度和轨迹精度称为定位精度;重复位姿精度和重复轨迹精度称为重复定位精度。

定位精度又称绝对定位精度,是指机器人末端执行器实际到达位置与目标位置之间的差异。位姿精度是指指令位姿和从同一方向接近该指令位姿时各实际到达位姿中心之间的偏差。轨迹精度是指机器人机械接口从同一方向多次跟随指令轨迹的接近程度。

重复定位精度指机器人重复到达某一目标位置的差异程度;或在相同的位置指令下,机器人连续重复若干次其位置的分散情况。重复位姿精度是指对同指令位姿从同一方向重复响应多次后实际到达位姿的不一致程度。重复轨迹精度是指对同一给定轨迹在同方向跟随多次后实际到达轨迹之间的不一致程度。

一般而言,工业机器人的绝对定位精度要比重复定位精度低一到两个数量级,其原因是在未考虑机器人本体的制造误差、工件加工误差及工件定位误差情况下使用机器人的运动学模型来确定机器人末端执行器的位置。

**5.运动特性**

运动特性包括速度和加速度,是表明机器人运动特性的主要指标。机器人说明书通常提供了主要运动自由度的最大稳定速度,但在实际应用中单纯考虑最大稳定速度是不够的,还应注意其最大允许加速度。如说明书中没有指明最大稳定速度的自由度,则是指在各关节联动的情况下,机器人手腕中心所能达到的最大线速度。最大工作速度越高,生产效率就越高。

**6.动态特性**

结构动态参数主要包括质量、惯性矩、刚度、阻尼系数、固有频率和振动模态。

工业机器人应尽量减小质量和惯量。如果工业机器人的刚度比较差,其位姿精度和系统固有频率将下降,从而导致系统动态不稳定。但对于装配操作等类型的作业,适当地增加柔顺性是有利的,最理想的情况是机器人臂杆的刚度可调。增加系统的阻尼对于缩短振荡的衰减时间、提高系统的动态稳定性是有利的。提高系统的固有频率,避开工作频率范围,也有利于提高系统的稳定性。

# 1.3　工业机器人的主要应用领域及关键技术

工业机器人应用

## 1.3.1　工业机器人的主要应用领域

从第一台工业机器人产品问世至今,工业机器人的研发技术和应用水平均发生了翻天覆地的变化,其最显著的特点可归纳为可编程、拟人化、通用性和机电一体化。

**1.可编程**

工业机器人可随其工作环境变化的需要而再编程,在小批量多品种具有均衡高效率的柔性制造过程中能够发挥很好的功用,是实现智能制造的重要保障。

**2.拟人化**

工业机器人在机械结构上有类似人的行走、腰转、大臂、小臂、手腕、手爪等部分,智能化工业机器人还有许多类似人类的"生物传感器",如接触传感器、力传感器、负载传感器、视觉传感器、声觉传感器、语言功能传感器等。传感器的应用提高了工业机器人对周围环境的自适应能力。

**3.通用性**

除专用工业机器人外,一般工业机器人在执行不同的作业任务时具有较好的通用性,更换工业机器人末端操作器(手爪、工具等)便可执行不同的作业任务。

**4.机电一体化**

工业机器人技术涉及的学科相当广泛,但主要是机械学和微电子学结合的机电一体化技术。第三代智能机器人不仅具有获取外部环境信息的各种传感器,而且还具有记忆能力、语言理解能力、图像识别能力、推理判断能力等人工智能。

因具备以上特点使得工业机器人及成套设备广泛应用于各个领域,如汽车及汽车零部件制造业、机械加工行业、电子电气行业、橡胶及塑料行业、食品行业、木材与家具制造业等领域中,如表1-1所示。在工业生产中,弧焊机器人、点焊机器人、装配机器人、喷漆机器人及搬运机器人等工业机器人都已被大量采用。

表1-1 工业机器人的应用领域

| 行业领域 | 具体应用 |
| --- | --- |
| 汽车及零部件 | 弧焊、点焊、搬运、装配、冲压、喷涂、切割(激光、离子)等 |
| 电子电气 | 搬运、洁净装配、自动传输、打磨、真空封装、检测、拾取等 |
| 化工纺织 | 搬运、包装、码垛、称重、切割、检测、上下料等 |
| 机械加工 | 工件搬运、装配、检测、焊接、去毛刺、研磨、切割(激光、离子)、包装、码垛、自动传送等 |
| 电力核电 | 布线、高压检查、核反应堆检修、拆卸等 |
| 食品饮料 | 包装、搬运、真空包装等 |
| 橡胶塑料 | 上下料、去毛边等 |
| 钢铁冶金 | 搬运、码垛、去毛刺、浇口切割等 |
| 家具家电 | 装配、搬运、打磨、抛光、喷漆、切割、雕刻等 |
| 海洋勘探 | 深水勘探、海底维修、建造等 |
| 航空航天 | 空间站检修、飞行器修复、资料收集等 |
| 军事 | 防爆、排雷、兵器搬运、放射性检测等 |

当前工业机器人的应用领域非常广泛,而以下五大领域是工业机器人及集成系统的主要应用,占总体应用的80%以上。

### 1.机器人搬运(38%)

随着计算机集成制造技术、物流技术、自动仓储技术的发展,搬运机器人在现代制造业中的应用也越来越广泛。机器人可用于生产加工过程中的物料、工装、辅具、量具的装卸和储运,完成将产品从一个输送装置送到另一个输送装置,或从一台机床上将加工完的零件取下,再安装到另一台机床上去等作业任务。

搬运仍然是工业机器人的第一大应用领域。许多自动化生产线需要使用机器人进行上下料、搬运以及码垛等操作。近年来,随着协作机器人的兴起,搬运机器人的市场份额一直呈增长态势。

### 2.机器人焊接(29%)

焊接机器人是从事焊接工作的工业机器人,包括机器人和焊接设备两部分,又可分为点焊机器人和弧焊机器人两类。

(1)点焊机器人。点焊机器人的焊钳采用电伺服点焊钳,焊钳的张开和闭合由伺服电机驱动、码盘反馈,使焊钳的张开度可以根据实际需要任意选定并预置,电极间的压紧力也可以无级调节。

（2）弧焊机器人。弧焊机器人多采用MAG/MIG、TIG气体保护焊方法,晶闸管式、逆变式、波形控制式、脉冲或非脉冲式等的焊接电源都可以安装在机器人上进行弧焊作业。

机器人控制柜采用数字控制,而焊接电源多为模拟控制,所以在焊接电源与控制柜之间有一个接口。近年来,国外机器人生产厂都有自己特定的配套焊接设备,在这些焊接设备内已经插入相应的接口板,所以弧焊机器人系统中并没有附加接口箱。

机器人焊接技术的应用主要包括汽车行业的点焊和弧焊。虽然,点焊机器人系统比弧焊机器人系统应用更早,占有率更高,但弧焊机器人近年来发展迅猛。许多加工车间都逐步引入焊接机器人,用来实现自动化焊接作业。

### 3.机器人装配(10%)

装配机器人主要从事零部件的安装、拆卸以及修复等工作。装配工作在现代工业生产中占有十分重要的地位,装配劳动量占产品生产劳动量的50%~60%,在电子器件厂的芯片装配、电路板的生产中,装配劳动量占产品生产劳动量的70%~80%。因此,用机器人来实现自动化装配作业是十分重要的。

由于近年来机器人传感器技术的飞速发展,机器人应用越来越多样化,直接导致机器人装配应用比例的下滑。

### 4.机器人喷涂(4%)

机器人喷涂主要是指点胶、涂装、喷漆等工作。喷涂机器人广泛应用于汽车车体、家电产品和各种塑料制品的喷涂作业,只有4%的工业机器人从事喷涂的应用。从事喷漆工作的机器人在使用环境和动作要求上有如下特点:

（1）工作环境空气中含有易爆的喷漆剂蒸气;

（2）沿轨迹高速运动,途经各点均为作业点;

（3）多数被喷漆部件都搭载在传送带上,一边移动一边喷漆。

### 5.机械加工(2%)

机械加工行业机器人应用量并不高,只占了2%,主要原因是现有多种自动化设备可以胜任机械加工的任务。机械加工机器人主要从事应用的领域包括零件铸造、激光切割以及水射流切割。

## 1.3.2 工业机器人的关键技术

控制系统是工业机器人的大脑。具有编程简单、软件操作便捷、人机交互界面友好、具有在线提示和使用方便等特点的控制系统是工业机器人设计开发的关键技术。

（1）开放性模块化的控制系统体系结构。这种系统采用分布式CPU计算机结构,分为机器人控制器(RC)、运动控制器(MC)、光电隔离I/O控制板、传感器处理板和编程示教盒等。机器人控制器(RC)的主计算机完成机器人的运动规划、插补和位置伺服以及主控逻辑、数字I/O、传感器处理等功能,编程示教盒用于信息的显示和按键的输入。两者之间通过串口或CAN总线进行通信。

(2)模块化层次化的控制器软件系统。软件系统建立在基于开源的实时多任务操作系统上,采用分层和模块化结构设计,以实现软件系统的开放性。整个控制器软件系统分为硬件驱动层、核心层和应用层三个层次,分别面对不同的功能需求。对应不同层次的开发,系统中各个层次内部由若干个功能相对独立的模块组成,这些功能模块相互协作,共同实现该层次所提供的功能。

(3)机器人故障诊断与安全维护技术。通过各种信息,对机器人故障进行诊断,并进行相应维护,是保证机器人安全性的关键技术。

(4)网络化机器人控制器技术。机器人应用工程已由单台机器人工作站向机器人生产线发展,机器人控制器的联网技术变得越来越重要。网格化控制器上应具有串口、现场总线及以太网的联网功能,可用于机器人控制器之间和机器人控制器同上位机的通信,便于对机器人生产线进行监控、诊断和管理。

焊接用工业机器人大多为电驱动的6轴关节式机器人,本体结构一般采用平行四边形结构和侧置结构两种形式。对于焊接机器人而言,除了需要高性能的控制技术之外,还应用具有下列关键技术。

(1)焊接机器人系统优化集成技术。焊接机器人一般采用交流伺服驱动技术,以及高精度、高刚性的RV减速机和谐波减速器,应具有良好的低速稳定性和高速动态响应,并应具备寿命周期内免维护功能。

(2)协调控制技术。复杂构件的焊接需要控制多台机器人及变位机的协调运动,应具备既能保持焊枪和工件的相对姿态以满足焊接工艺的要求,又能避免焊枪和工件的碰撞功能。

(3)精确焊缝轨迹跟踪技术。结合激光传感器和视觉传感器离线工作方式的优点,采用激光传感器实现焊接过程中的焊缝跟踪,提升焊接机器人对复杂工件进行焊接的柔性和适应性,结合视觉传感器离线观察获得焊缝跟踪的残余偏差,基于偏差统计获得补偿数据并进行机器人运动轨迹的修正,在各种工况下都能获得最佳的焊接质量。

激光加工机器人是将机器人技术应用于激光加工中,通过高精度工业机器人实现更加柔性的激光加工作业。激光加工机器人的关键技术包括:

(1)激光加工机器人结构优化设计技术。采用大范围框架式本体结构,在增大作业范围的同时,保证机器人运动和控制精度。

(2)机器人系统的误差补偿技术。针对一体化加工机器人工作空间大、精度高等要求,并结合其结构特点,采取非模型方法与基于模型方法相结合的混合机器人补偿方法,完成了几何参数误差和非几何参数误差的补偿。

(3)高精度机器人检测技术。将三坐标测量技术和机器人技术相结合,实现机器人高精度在线测量。

(4)激光加工机器人专用语言实现技术。根据激光加工及机器人作业特点,完成激光加工所需的机器人专用语言。

(5)网络通信和离线编程技术。具有串口、CAN等网络通信功能,实现对机器人生产线的监控和管理,并实现上位机对机器人的离线编程控制。

**思考题**

1.在线编程和离线编程各有何优缺点?

2.如何选择合适的机器人类型?

3.工业机器人本体各部分是如何进行联接的?

4.关节式工业机器人的运动有何特点?

5.示教的形式与本质是什么?

# 第2章

# 焊接机器人系统的设备与工艺

## 学习要求

**知识目标**
· 掌握焊接设备的特点及配置方法；
· 了解焊接设备的工艺特点。

**能力目标**
· 能够完成焊接工艺规程的编写；
· 能够在工业机器人控制系统中完成常用焊接工艺参数的设置。

# 2.1　焊接机器人系统的分类

　　焊接机器人是从事焊接、切割与喷涂工作的工业机器人。焊接机器人系统通常采用以下两种组成形式。

## 2.1.1　焊接机器人工作站(单元)

　　焊接机器人与焊接电源和外围设备组成一个可以独立工作的单元,称之为焊接工作站,或焊接机器人单元。
　　如果工件在整个焊接过程中无需改变位置(变位),可以用夹具把工件直接定位在工作台上,这是最简单的焊接系统。在实际生产中,大多数工件在焊接过程中需要通过变位,使焊缝处在较好的位置(姿态)进行焊接。这样就需要用于改变工件位置的设备(变位机)与工业机器人协调运动才能实现。可以在变位机完成变位后,工业机器人再焊接;也可以在变位机进行变位的同时机器人进行焊接。通过变位机的运动及机器人的运动的复合,使焊枪相对于工件的运动既能满足焊缝轨迹,又能满足焊接速度及焊枪姿态的要求。

## 2.1.2　焊接生产线

　　专用焊接机器人生产线就是将多台焊接工作站(单元),通过工件输送线连接起来的生产线。这种生产线保持了单个焊接工作站的特点,每个工作站只能采用选定的工件夹具及焊接机器人的程序,完成预定工件的焊接,在更改夹具及程序之前,不能焊接其他工件。

柔性机器人焊接生产线也是由多个站组成,不同的是被焊工件都装夹在统一形式的治具上,而治具是可以与线上任何一个站的变位机相配合并被自动夹紧。这种焊接机器人系统,首先对治具的编号或工件进行识别,自动调出焊接这种工件的程序进行焊接。因此,每一个焊接工作站无需作任何调整就可以焊接不同的工件。焊接柔性线一般配备有移动小车,可以自动将点焊固定(简称点固)后的工件从存放工位取出,再送到有空位的焊接机器人工作站的变位机上。也可以从工作站上把完成焊接后的工件取下,送到成品件流出位置。

工厂选用何种形式的焊接系统,应当根据工厂的实际情况选择。焊接工作站适用于批量大、改型慢的产品生产,而且工件的焊缝数量应较少、较长、形状规矩(直线、圆形);专用焊接机器人生产线一般适用于中、小批量的生产,被焊工件的焊缝可以短而多,形状较复杂;柔性机器人焊接生产线则适用于多品种、小批量生产,在大力推广智能制造和无人制造的情况下,这种生产线将是未来的主要发展形式。

## 2.2 焊接机器人系统组成

焊接机器人工作站通常由工业机器人本体、焊接设备、工件变位装置、焊接工装夹具、安全保护装置、控制系统等组成。根据工件的具体结构情况、所要焊接的焊缝位置的可达性和对接头质量的要求,焊接机器人工作站的配置有所不同。

金属材料焊接的常用加工方法有弧焊和点焊两种形式,需要对应的焊接机器人系统来完成相应的工作。

### 2.2.1 焊接机器人

焊接机器人主要有弧焊机器人(见图2-1)和点焊机器人两种形式。

**1.弧焊机器人**

弧焊工艺已在诸多行业中得到普及。弧焊机器人在通用机械、造船等许多行业中得到广泛运用。弧焊机器人是包括各种电弧焊附属装置在内的柔性焊接系统,因而对其性能有着特殊的要求。

在弧焊作业中,焊枪尖端应沿着预定的焊接轨迹运动,并不断填充金属形成焊缝。因此,运动过程中速度的平稳性和重复定位精度是两项重要指标。一般情况下,焊接速度约取30~300cm/min,轨迹重复定位精度约为±(0.2~0.5)mm。

**2.点焊机器人**

汽车工业是点焊机器人系统的主要应用领域,在装配每台汽车车体、车身时,大约60%焊点是由机器人完成的。点焊机器人最初只用于在已拼接好的工件上增加焊

点,后来为了保证拼接精度,又需要机器人完成定位焊作业。

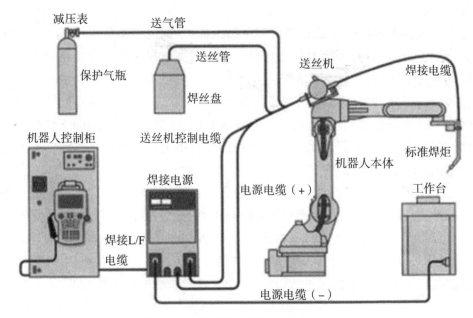

图2-1　弧焊机器人系统基本组成

### 2.2.2　焊接设备

　　焊接设备一般包括焊接电源、送丝机、焊枪、防碰撞传感器、水冷装置、清枪剪丝机,根据所焊工件的焊接工艺要求选择配置。

　　如果是简单的焊接规范一致无变化的焊接应用,从低成本角度出发只需要电源提供外部状态量控制功能,即可通过外部进行起弧、熄弧、送丝、送气操作及起弧成功反馈功能,但这种配置不能很好地发挥机器人柔性化生产的优势。一般机器人所配套的焊接电源,除了具有外部状态量控制功能外,还需要焊接参数控制功能,可实现对焊接参数的调节。

　　随着焊接电源的发展不断向数字化方向迈进,配套数字化焊接电源的机器人可通过控制系统实现对焊接电源的高速精确控制,并可在焊接过程中进行动态焊接参数调整。这类焊接电源已有专用的机器人数据接口,并有对应的机器人专用送丝机。机器人对所配置焊枪的要求比较高,标准机器人焊枪除能满足正常焊接外,还需要有良好的可达性和安装一致性,有时还需要根据所焊工件定制特殊焊枪。为满足高熔敷焊接的需求,可考虑配套双丝高速焊接设备,进一步提高机器人的焊接效率。

### 2.2.3　工件变位装置

　　在一些工件尺寸较大、工件空间几何尺寸复杂的焊接场合,机器人的焊枪可能无法到达焊接位置或处于理想焊接姿态;或者为了提高机器人的利用率需要机器人在多工

位之间切换,就需要对机器人或工装夹具进行变位。变位的方法主要有以下两种:

(1)机器人安装在可以移动的轨道小车、升降台或龙门架上,扩大机器人本身的作业空间;

(2)让工件移动或转动,使工件上的焊接部位进入机器人的作业空间。

也可同时采用上述两种办法,让工件的焊接部位和机器人都处于最佳焊接位置。这些变位动作一般采用电动方式驱动,也有采用气动方式或其他方式驱动的。采用电动方式驱动时,这些轴通常作为机器人的外部轴来控制,可像机器人本体轴组一样由机器人控制系统直接控制。在所有机构保证高定位精度、高轨迹精度、高速运动精度的前提下,可实现同步协调控制。

工件变位装置使焊接系统具有更好的灵活性,可完成复杂的协调动作,使焊接机器人的适用范围更广、编程更为方便,同时还能更好地缩短产品改型换代的周期,减少相应设备的投资,充分体现柔性化生产。随着机器人控制系统的性能进一步提高,已经从只能控制标准的 6 轴机器人发展到可控制 21~27 轴,甚至更多轴的机器人,为外部轴的扩展提供了很大的空间。

### 2.2.4 焊接工装夹具

焊接工装夹具根据焊接工艺要求而设计,因工件的不同,其形式多种多样。焊接工装夹具在保证焊接质量、焊接生产效率、操作方便的同时,还需要结合机器人、变位机等保证焊枪的可达性、系统安全性、通用互换性。

### 2.2.5 安全保护装置

在焊接过程中,工件变位装置及机器人的动作速度较快,且在焊缝之间切换时经常出现加速情况,当人员、物品意外进入其运动区域时将出现危险。因此,焊接机器人系统在满足焊接功能要求的同时,必须配合齐全的安全保护装置。

一般采用围栏式和整体封闭式结构对焊接机器人系统进行整体隔离保护,在安装工件的位置一般采用快速门或者光栅进行保护。对于一些用于维护的结构,通常需要安装检测元件,且进入内部维护的人员需要配合专门的防护措施,防止这些维护用门意外关闭或检测元件被非正常接通,杜绝焊接机器人系统因意外而启动。此外,观察窗、焊接弧光防护以及焊接烟尘处理设施也需要尽可能考虑集成,必要时可配备图像监视系统。

### 2.2.6 控制系统

简单的焊接应用可直接采用机器人控制柜,配合外部操纵盒即可实现对焊接系统的控制。在实际应用中,通常设置一个外部控制系统对机器人及其外部轴、工装夹具动作、工件输送、安全防护系统动作等进行全面协调控制。外部控制系统通常以PLC 为主控单元、人机界面触摸屏为参数设置及监控单元、通过单个或多个按钮站实现控制。外部控制系统通过调用机器人控制系统的相关焊接程序进行焊接,机器人控制系统负责机器人与外部轴的协调动作、焊接设备的动作等焊接过程的控制。

# 2.3 焊接的基本类型及应用

## 2.3.1 焊条电弧焊

焊条电弧焊是一种以焊条药皮为保护介质、手工操作的弧焊方法。利用电弧放电(电弧燃烧)所产生的热量,熔化焊条与母材(焊件),实现原子间结合而形成永久性连接的工艺过程,如图2-2所示。

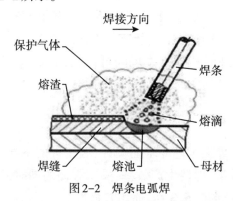

图2-2 焊条电弧焊

焊条电弧焊的优点是设备简单、生产成本低、操作灵活、应用广;缺点是焊接生产率低、劳动强度大、焊缝质量依赖性强。广泛用于造船、锅炉及压力容器、机械制造、建筑结构、化工设备等制造维修行业中。适用于各种金属材料、各种厚度、各种结构形状的焊接。

## 2.3.2 $CO_2$ 气体保护焊

$CO_2$ 气体保护焊是一种利用 $CO_2$ 作为保护气体进行自动或半自动操作的熔化极电弧焊方法。焊丝自动送进,在焊丝和焊件之间产生电弧热量,熔化焊丝与母材而形成焊缝,如图2-3所示。

$CO_2$ 气体保护焊

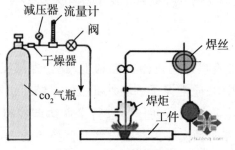

图2-3 $CO_2$ 气体保护焊

$CO_2$气体保护焊的优点是操作简单、生产率高、成本低、变形小、适应性广、焊接质量高；缺点是飞溅大、焊缝成型较差、抗风能力差、不能焊接易氧化的有色金属。广泛用于汽车制造、造船、化工机械、农业机械、运动器材等制造维修行业中，适于各种厚度的低碳钢及低合金钢焊接。

### 2.3.3 MIG/MAG焊

MIG/MAG焊是一种采用惰性气体或混合气体作为保护气体进行操作的熔化极电弧焊方法。焊丝自动送进，在焊丝和焊件之间产生电弧热量，熔化焊丝与母材而形成焊缝。MIG焊采用惰性气体，如氩气或氦气或它们的混合气体，而MAG焊则在惰性气体中加入少量活性气体，如氧气、二氧化碳等。

MIG/MAG焊的优点是操作简单、生产率高、焊接质量好；缺点是焊接设备复杂、飞溅大、抗风能力差、无脱氧去氢反应，为减少焊接缺陷，对焊接材料表面清理要求比较严格。适用于有色金属及其合金、不锈钢及合金钢的薄板类焊接。

### 2.3.4 TIG焊

TIG焊是一种采用惰性气体作为保护气体，利用钨极与焊件间产生的电弧热熔化母材或填充焊丝进行操作的非熔化极电弧焊方法，如图2-4所示。

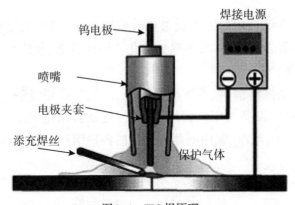

图2-4 TIG焊原理

TIG焊的优点是电弧稳定、不产生飞溅、焊接质量好、焊缝美观；缺点是焊接生产效率低、生产成本较高、钨极承载电流的能力差。几乎可完成所有金属材料的焊接，常用于不锈钢、高温合金、铝、镁、钛及钛合金，以及锆、钽、钼、铌等活性金属和异种金属的焊接，多用于薄板类焊接。

### 2.3.5 埋弧焊

埋弧焊是一种采用焊剂作为保护介质，电弧在焊剂层下燃烧的电弧焊方法。利用焊丝和焊件之间燃烧的电弧产生的热量，熔化焊丝、焊剂和母材（焊件）而形成焊缝。在焊接过程中,焊剂熔化产生的液态熔渣覆盖电弧和熔化金属,起保护、净化熔池、稳定电弧和渗入合金元素的作用,如图2-5所示。

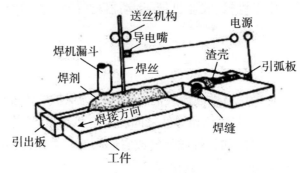

图2-5　埋弧焊

埋弧焊的优点是焊接生产率高、焊缝质量稳定、生产成本低、劳动条件好;缺点是设备较复杂、对焊件装配质量要求高、难以在空间位置施焊、不适合焊接薄板和短焊缝,广泛用于造船、锅炉、桥梁、钢结构建筑、起重机械及冶金机械制造业中。常用于水平位置或倾斜角不大的焊件,适用材料多为碳素结构钢、低合金结构钢、不锈钢、耐热钢、复合钢材等。

### 2.3.6　电阻焊

电阻焊是一种将组合后的工件通过电极施加压力,利用电流通过接头的接触面及邻近区域产生电阻热效应,将其加热到熔化或塑性状态,使之形成金属结合的焊接方法。如图2-6所示。

电阻焊的优点是操作简单、不需填充金属、加热时间短、热量集中、热影响区小;缺点是接头强度较低、设备功率大费用高、机械化及自动化程度较高、检测复杂。广泛用于航空航天、电子、汽车、家用电器等工业的各种钢材的薄板类焊接。

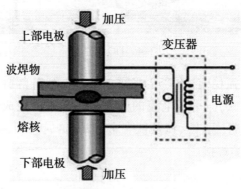

图2-6　电阻焊

### 2.3.7 等离子弧焊

等离子弧焊是一种利用惰性气体作为保护气体,等离子弧作为热源的焊接方法。气体由电弧加热产生离解,在高速通过水冷喷嘴时受到压缩,增大能量密度和离解度,从而形成等离子弧进行焊接。如图2-7所示。

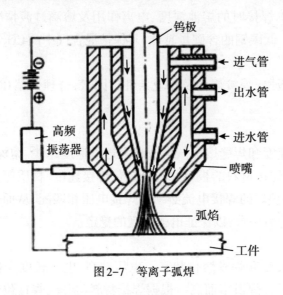

图2-7 等离子弧焊

等离子焊接的优点是具有温度高、能量集中、热影响区窄、工件变形小、效率高、可焊材料种类多;缺点是设备复杂,生产成本高。广泛用于航空航天、工业生产等军工和尖端技术行业,适用于铜及铜合金、钛及钛合金、合金钢、不锈钢、钼等材料焊接。

## 2.4 焊接工艺基础

### 2.4.1 焊接材料

(1)钢材要求:根据焊接性要求,焊接钢材一般为低碳钢、普通低合金钢,实际根据焊接工艺要求而定。Q235钢材的强度、塑形和焊接性较好,焊接过程中不易产生裂纹,焊接后变形小、缺陷少,在现代工业上应用十分广泛。

(2)焊丝要求:焊丝成分应与母材成分相近。主要考虑碳当量,它应具有良好的焊接工艺性能。根据Q235钢材的焊接工艺要求,可选用牌号为H08Mn2SiA的实心焊丝。

### 2.4.2 焊接工艺方法

#### 1.气体选择

低碳钢的气体保护焊既可以单独使用$CO_2$或Ar,也可以使用MAG混合气体,混合气体通常按$8(CO_2):2(Ar)$的比例进行配制。对于不同的焊接材料有一定的变化,$CO_2$含量的多少直接影响焊接时的熔池深度、电离作用及熔滴过渡情况、飞溅的多少、表面质量和内部成型。低碳钢的含碳量越低,其保护混合气中的$CO_2$含量也相对越低。

#### 2.气体流量

根据主要焊材板厚、焊接规范及作业条件等因素,合理调整$CO_2$气体保护焊的减压器气体流量。

#### 3.气保焊电流

电流控制送丝速度和焊缝熔深。电流越大送丝速度越快、熔深越大,送丝速度越慢、熔深越小。根据焊接材料的板厚、焊接位置、焊接速度、材质等参数选定相应的焊接电流。$CO_2$气体保护焊的焊接电流必须与焊接电压相匹配,从而使送丝速度与焊接电压对焊丝的熔化能力一致,以保证电弧长度的稳定。

#### 4.气保焊电压

电压控制电弧长度和焊丝熔化状态。电压越高,电弧长度变长、焊道宽且平;电压越低,电弧长度变短、焊道窄而高。根据焊接材料(板厚、焊接位置、焊接速度、材质等参数)选定相应的焊接电压。$CO_2$气体保护焊的焊接电压必须与焊接电流相匹配,从而使送丝速度与焊接电压对焊丝的熔化能力一致,以保证电弧长度的稳定。

#### 5.焊丝干伸长度

焊丝干伸长度是指焊丝从导电嘴到待焊工件的垂直距离。焊接过程中,保持焊丝干伸长度不变是保证焊接过程稳定性的重要因素之一。焊丝干伸长度过长时,气体保护效果不好,易产生气孔,引弧性能差,电弧不稳,飞溅加大,熔深变浅,成形质量变差。焊丝干伸长度过短时,看不清电弧,喷嘴容易被飞溅物堵塞,飞溅大,熔深变深,焊丝易与导电嘴粘接。

#### 6.焊枪操作注意事项

(1)在焊接过程中,尽可能地使焊枪电缆保持在一条直线上,当必须做圆形运动时,需要满足直径Φ600mm以上的条件;当需要做波形运动时,必须满足摆动半径300mm以上的条件,否则将影响到送丝的稳定。

(2)操作时注意不能让有一定重量的物体掉落到焊枪电缆上,否则挠性管及弹簧衬套将会变皱,影响送丝稳定性。

(3)弹簧衬套必须定期压缩空气清洁以除去内部的灰尘,从而保证送丝通畅。

(4)弯曲的焊丝或焊丝的受损部分堵塞在焊嘴中,均会导致焊嘴与焊丝被熔,或送丝中断,必须完全清除产生弯曲或变皱的故障因素。由于焊丝与焊嘴的熔敷,焊丝将在弹簧衬套内部发生弯曲或者被送丝滚筒咬住,当受损部分通过焊嘴时,将再次发生送丝不良的现象。

### 2.4.3　气保焊(平焊位)焊接工艺参数规范

气保焊(平焊位)焊接工艺参数规范如表2-1所示。

表2-1　气体保护焊接工艺参数规范

| 焊接方式 | 焊丝直径/mm | 焊件厚度适用范围/mm | 焊接电流/A | 电弧电压/V | 干伸长/mm | 保护气体 | 气体流量/L·min⁻¹ |
|---|---|---|---|---|---|---|---|
| CO₂实心 | 0.8 | 1~3 | 80~120 | 17~20 | 8~12 | 99.7%CO₂ | 8~15 |
| | 1.0 | 3 | 140~160 | 22~24 | 10~15 | | 8~15 |
| | | 4~5 | 160~180 | 24~26 | | | 8~15 |
| | | 5~6 | 180~200 | 26~28 | | | 8~15 |
| | | 6~8 | 200~220 | 28~30 | | | 10~20 |
| | | 8~10 | 220~240 | 32~34 | | | 10~20 |
| | | 10以上 | 250~280 | 34~37 | | | 15~25 |
| | 1.2 | 10以上 | 210~250 | 30~33 | 12~20 | | 15~25 |
| | | | 250~300 | 34~38 | | | |
| MAG | 0.8 | 1~3 | 80~120 | 16~18 | 8~12 | 80%Ar+20%CO₂ | 8~15 |
| | 1.0 | 3 | 140~160 | 18~21 | 10~15 | | 8~15 |
| | | 4~6 | 160~180 | 21~24 | | | 8~15 |
| | | 6~8 | 180~200 | 24~27 | | | 10~20 |
| | | 8~10 | 220~240 | 28~32 | | | 10~20 |
| | | 10以上 | 250~280 | 32~35 | | | 15~25 |
| | 1.2 | 10以上 | 210~250 | 28~32 | 12~20 | | 15~25 |
| | | | 250~300 | 32~36 | | | |

### 2.4.4　气保焊(各种接头位置)焊接工艺参数规范

在标准焊接条件下的CO₂气体保护焊(实心焊丝)、MAG焊(实心焊丝,Ar 80%+CO₂20%)、药芯焊丝等一般参数等可参考表2-2至2-4所示的焊接参数。在实际焊接工作中,使用者应根据工件材料、工件形状、焊接位置等条件进行修正。在焊接质量有严格要求的情况下,最好通过试验验证以获取最优的焊接工艺参数。

表 2-2 实心焊丝一般参数

| 种类 | 板厚/mm | 焊丝直径/mm | 根部间隙g/mm | 焊接电流/A | 焊接电压/V | 焊接速度/cm/min | 导电嘴工件间距离/mm | 气体流量/L/min |
|---|---|---|---|---|---|---|---|---|
| I型对接焊（低速条件） | 0.8 | 0.8 | 0 | 60~70 | 16~16.5 | 50~60 | 10 | 10 |
| | 1.0 | 0.8 | 0 | 75~85 | 17~17.5 | 50~60 | 10 | 10~15 |
| | 1.2 | 0.8 | 0 | 80~90 | 17~18 | 50~60 | 10 | 10~15 |
| | 1.6 | 0.8 | 0 | 95~105 | 18~19 | 45~50 | 10 | 10~15 |
| | | 1.0 | 0~0.5 | 120~130 | 19~20 | 50~60 | 10 | 10~20 |
| | 2.0 | 1.0,1.2 | 0~0.5 | 110~120 | 19~19.5 | 45~50 | 10 | 10~15 |
| | 2.3 | 1.0,1.2 | 0.5~1.0 | 120~130 | 19.5~20 | 45~50 | 10 | 10~15 |
| | | 1.2 | 0.8~1.0 | 130~150 | 20~21 | 45~55 | 10 | 10~20 |
| | 3.2 | 1.0,1.2 | 1.0~1.2 | 140~150 | 20~21 | 45~50 | 10~15 | 10~15 |
| | | 1.2 | 1.0~1.5 | 130~150 | 20~23 | 30~40 | 10~15 | 10~20 |
| | 4.5 | 1.0,1.2 | 1.0~1.2 | 170~185 | 22~23 | 45~50 | 15 | 15 |
| | | 1.2 | 1.0~1.5 | 150~180 | 21~23 | 30~35 | 10~15 | 10~20 |
| | 6 | 1.2 | 1.2~1.5 | 230~260 | 24~26 | 45~50 | 15 | 15~20 |
| | | | 1.2~1.5 | 200~230 | 24~25 | 30~35 | 10~15 | 10~20 |
| | 8 | 1.2 | 0~1.2 | 300~350 | 30~35 | 30~40 | 15~20 | 10~20 |
| | | 1.6 | 0~0.8 | 380~420 | 37~38 | 40~50 | 15~20 | 10~20 |
| | 9 | 1.2 | 1.2~1.5 | 320~340 | 32~34 | 45~50 | 15 | 15~20 |
| | 12 | 1.6 | 0~1.2 | 420~480 | 38~41 | 50~60 | 20~25 | 10~20 |
| I型对接焊（高速条件） | 0.8 | 0.8 | 0 | 85~95 | 16~17 | 115~125 | 10 | 15 |
| | 1.0 | 0.8 | 0 | 95~105 | 16~18 | 115~125 | 10 | 15 |
| | 1.2 | 0.8 | 0 | 105~115 | 17~19 | 115~125 | 10 | 15 |
| | 1.6 | 1.0,1.2 | 0 | 155~165 | 18~20 | 115~125 | 10 | 15 |
| | 2.0 | 1.0,1.2 | 0 | 170~190 | 19~21 | 75~85 | 15 | 15 |
| | 2.3 | 1.0,1.2 | 0 | 190~210 | 21~23 | 95~105 | 15 | 20 |
| | 3.2 | 1.2 | 0 | 230~250 | 24~26 | 95~105 | 15 | 20 |

| 种类 | 板厚/mm | 焊丝直径/mm | 根部间隙(g)/mm | 钝边(h)/mm | 焊层及焊接电流/A | | 焊接电压/V | 焊接速度/cm/min | 气体流量/L/min |
|---|---|---|---|---|---|---|---|---|---|
| V型对接焊 | 12 | 1.2 | 0~0.5 | 4~6 | 外1 | 300~350 | 32~35 | 30~40 | 20~25 |
| | | | | | 内1 | 300~350 | 32~35 | 45~50 | 20~25 |
| | | 1.6 | | | 外1 | 380~420 | 36~39 | 35~40 | 20~25 |
| | | | | | 内1 | 380~420 | 36~39 | 45~50 | 20~25 |
| | 16 | 1.2 | 0~0.5 | 4~6 | 外1 | 300~350 | 32~35 | 25~30 | 20~25 |
| | | | | | 内1 | 300~350 | 32~35 | 30~35 | 20~25 |
| | | 1.6 | | | 外1 | 380~420 | 36~39 | 30~35 | 20~25 |
| | | | | | 内1 | 380~420 | 36~39 | 35~40 | 20~25 |

续表

| 种类 | 板厚/mm | 焊丝直径/mm | 根部间隙(g)/mm | 钝边(h)/mm | 焊层及焊接电流/A | | 焊接电压/V | 焊接速度/cm/min | 气体流量/L/min |
|---|---|---|---|---|---|---|---|---|---|
| X型对接焊<br> | 16 | 1.2 | 0 | 4~6 | 外1 | 300~350 | 32~35 | 30~35 | 20~25 |
| | | | | | 内1 | 300~350 | 32~35 | 30~35 | 20~25 |
| | | 1.6 | | | 外1 | 380~420 | 36~39 | 35~40 | 20~25 |
| | | | | | 内1 | 380~420 | 36~39 | 35~40 | 20~25 |
| | 19 | 1.6 | 0 | 5~7 | 外1 | 400~450 | 36~42 | 25~30 | 20~25 |
| | | | | | 内1 | 400~450 | 36~42 | 25~30 | 20~25 |
| | | 1.6 | 0 | | 外1 | 400~420 | 36~39 | 45~50 | 20~25 |
| | | | | | 内2 | 400~420 | 36~39 | 35~40 | 20~25 |
| | 25 | 1.6 | 0 | 5~7 | 外1 | 400~420 | 36~39 | 40~45 | 20~25 |
| | | | | | 内2 | 420~450 | 39~42 | 30~35 | 20~25 |

| 种类 | 板厚/mm | 焊丝直径/mm | 焊脚尺寸/mm | 焊接电流/A | 焊接电压/V | 焊接速度/cm/min | 导电嘴母材间距离/mm | 气体流量/L/min | 焊接角度 |
|---|---|---|---|---|---|---|---|---|---|
| T型平角焊<br>(低速条件)<br> | 1.0 | 0.8 | 2.5~3 | 70~80 | 17~18 | 50~60 | 10 | 10~15 | 45° |
| | 1.2 | 1.0 | 3~3.5 | 85~90 | 18~19 | 50~60 | 10 | 10~15 | 45° |
| | 1.6 | 1.0,1.2 | 3~3.5 | 100~110 | 18~19.5 | 50~60 | 10 | 10~15 | 45° |
| | 2.0 | 1.0,1.2 | 3~3.5 | 115~125 | 19.5~20 | 50~60 | 10 | 10~15 | 45° |
| | 2.3 | 1.0,1.2 | 3~3.5 | 130~140 | 19.5~21 | 50~60 | 10 | 10~15 | 45° |
| | 3.2 | 1.0,1.2 | 3.5~4 | 150~170 | 21~22 | 45~50 | 15 | 15~20 | 45° |
| | 4.5 | 1.0,1.2 | 4.5~5 | 180~220 | 21~23 | 40~45 | 15 | 15~20 | 45° |
| | | 1.2 | 5~5.5 | 200~250 | 24~26 | 40~50 | 10~15 | 10~20 | 45° |
| | 6 | 1.2 | 5~5.5 | 230~260 | 25~27 | 40~45 | 20 | 15~20 | 45° |
| | | | 6 | 220~250 | 25~27 | 35~45 | 13~18 | 10~20 | 45° |
| | | | 4~4.5 | 270~300 | 28~31 | 60~70 | 13~18 | 10~20 | 45° |
| | 8,9 | 1.2,1.6 | 6~7 | 270~380 | 29~35 | 40~45 | 25 | 20~25 | 50° |
| | 8 | 1.2 | 5~6 | 270~300 | 28~31 | 55~60 | 13~18 | 10~20 | 45° |
| | | 1.2 | 7~8 | 260~300 | 26~32 | 25~35 | 15~20 | 10~20 | 50° |
| | | 1.6 | 6.5~7 | 300~330 | 30~34 | 30~35 | 15~20 | 10~20 | 50° |
| | 12 | 1.2,1.6 | 7~8 | 270~380 | 27~35 | 27~40 | 20~25 | 20~25 | 50° |
| | | 1.2 | 7~8 | 260~300 | 26~32 | 25~35 | 15~20 | 10~20 | 50° |
| | | 1.6 | 6.5~7 | 300~330 | 30~34 | 30~35 | 15~20 | 10~20 | 50° |

续表

| 种类 | 板厚/mm | 焊丝直径/mm | 焊脚尺寸/mm | 焊接电流/A | 焊接电压/V | 焊接速度/cm/min | 导电嘴母材间距离/mm | 气体流量/L/min | 焊接角度 |
|---|---|---|---|---|---|---|---|---|---|
| T型平角焊（高速条件） | 1.0 | 0.8 | 2~2.5 | 130~150 | 19~20 | 140~145 | 10 | 15 | 45° |
| | 1.2 | 1.0 | 3 | 130~150 | 19~20 | 105~115 | 10 | 15 | 45° |
| | 1.6 | 1.0,1.2 | 3 | 170~190 | 22~23 | 105~115 | 10 | 15~20 | 45° |
| | 2.0 | 1.2 | 3.5 | 200~220 | 23~25 | 105~115 | 15 | 20 | 45° |
| | 2.3 | 1.2 | 3.5 | 220~240 | 24~26 | 95~105 | 20 | 25 | 45° |
| | 3.2 | 1.2 | 3.5 | 250~270 | 26~28 | 95~105 | 20 | 25 | 45° |
| | 4.5 | 1.2 | 4.5 | 270~290 | 29~31 | 75~85 | 20 | 25 | 50° |
| | 6 | 1.2 | 5.5 | 290~310 | 32~34 | 65~75 | 25 | 25 | 50° |

表2-3 MAG焊接（实心焊丝，Ar 80%+$CO_2$ 20%）

| 种类 | 板厚/mm | 焊丝直径/mm | 根部间隙/mm | 焊接电流/A | 焊接电压/V | 焊接速度/cm/min | 导电嘴母材间距离/mm | 气体流量/L/min |
|---|---|---|---|---|---|---|---|---|
| I型对接焊 | 1.2 | 0.8 | 0 | 60~70 | 15~16 | 30~50 | 10 | 10~15 |
| | 1.6 | 0.8 | 0 | 100~110 | 16~17 | 40~60 | 10 | 10~15 |
| | 3.2 | 0.8,1.2 | 1.0~1.5 | 120~140 | 16~17 | 25~30 | 15 | 10~15 |
| | 4.0 | 1.0,1.2 | 1.5~2.5 | 150~160 | 17~18 | 20~30 | 15 | 10~15 |
| T型平角焊 | 0.6 | 0.8 | 2 | 70~80 | 17~18 | 50~60 | 10 | 10~15 |
| | 1.0 | 1.0 | 2~2.5 | 85~90 | 18~19 | 50~60 | 10 | 10~15 |
| | 1.6 | 1.0,1.2 | 3 | 100~110 | 18~19.5 | 50~60 | 10 | 10~15 |
| | 2.4 | 1.0,1.2 | 3.5 | 115~125 | 19.5~20 | 50~60 | 10 | 10~15 |
| | 3.2 | 1.0,1.2 | 4 | 130~140 | 19.5~21 | 50~60 | 15 | 10~15 |

表2-4 药芯焊丝一般参数

| 药芯种类 | 焊接位置 | 焊丝直径/mm | 焊脚尺寸/mm | 焊道数 | 焊接电流/A | 焊接电压/V | 焊接速度/cm/min | 摆动 |
|---|---|---|---|---|---|---|---|---|
| 金属型 | | 1.2 | 4 | 1 | 240~260 | 26~28 | 48~53 | 无 |
| | | 1.4 | | 1 | 320~340 | 28~30 | 95~105 | 无 |
| | | 1.6 | | 1 | 340~360 | 30~32 | 100~110 | 无 |
| | | 1.2 | 5 | 1 | 260~280 | 28~30 | 48~53 | 无 |
| | | 1.4 | | 1 | 330~340 | 29~31 | 85~95 | 无 |
| | | 1.6 | | 1 | 360~380 | 32~34 | 85~95 | 无 |

续表

| 药芯种类 | 焊接位置 | 焊丝直径/mm | 焊脚尺寸/mm | 焊道数 | 焊接电流/A | 焊接电压/V | 焊接速度/cm/min | 摆动 |
|---|---|---|---|---|---|---|---|---|
| 金属型 | | 1.2 | 6 | 1 | 260~280 | 27~29 | 40~45 | 无 |
| | | 1.4 | 6 | 1 | 320~340 | 30~32 | 75~85 | 无 |
| | | 1.6 | 6 | 1 | 370~390 | 33~35 | 75~85 | 无 |
| | | 1.2 | 7 | 1 | 270~290 | 29~31 | 38~43 | 无 |
| | | 1.4 | 7 | 1 | 340~360 | 31~33 | 48~53 | 无 |
| | | 1.6 | 7 | 1 | 370~390 | 33~35 | 60~70 | 无 |
| | | 1.4 | 9 | 1 | 260~280 | 27~29 | 22~26 | 有 |
| | | 1.4 | 12 | 1 | 320~340 | 30~32 | 38~42 | 无 |
| | | | | 2 | 320~340 | 30~32 | 40~44 | 无 |
| | | | | 3 | 320~340 | 29~31 | 48~52 | 无 |
| | | 1.2 | 9 | 1 | 260~280 | 27~29 | 23~27 | 无 |
| | | | 12 | 1 | 290~310 | 30~32 | 33~37 | 无 |
| | | | | 2 | 290~310 | 30~32 | 27~31 | 有 |
| 钛钙型 | 立向角焊 | 1.2 | 4 | — | 170~190 | 21~23 | 48~52 | — |
| | | | 6 | — | 190~210 | 22~24 | 48~52 | — |
| | | | 8 | — | 210~230 | 22~24 | 43~47 | — |
| | | 1.2 | 4 | — | 210~230 | 26~28 | 68~72 | — |
| | | | 6 | — | 260~280 | 28~30 | 48~52 | — |
| | | | 8 | — | 290~310 | 29~31 | 33~37 | — |
| | | 1.4 | 4 | — | 250~270 | 27~29 | 68~72 | — |
| | | | 6 | — | 310~330 | 30~32 | 48~52 | — |
| | | | 8 | — | 340~360 | 32~34 | 33~37 | — |

## 2.5 机器人焊接系统连接与简单设置

### 2.5.1 焊接系统的连接

工业机器人系统的组成电缆及管路连接

焊机的"+"输出端连接焊枪,焊机的"-"输出端连接工件,焊机的"七芯航空插座"连接送丝机构,以及送丝机构连接气瓶减压表等,如图2-8所示。

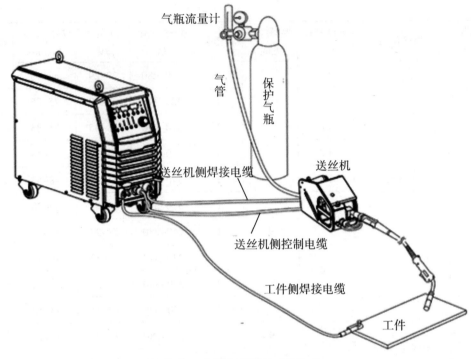

气瓶流量计

气管

保护气瓶

送丝机

送丝机侧焊接电缆

送丝机侧控制电缆

工件侧焊接电缆

工件

图2-8　气体保护焊的系统组成

### 2.5.2　气体使用与参数设定

（1）焊机设定项要与气体相匹配。焊机设定为$CO_2$时只能接$CO_2$气体,设定MAG焊接时选用混合气体。混合气体中$CO_2$含量为5%~20%,其余为氩气;氩气纯度要求在99.9%以上。

（2）使用$CO_2$作为保护气体时,必须将加热电缆连接到焊接机的36V电加热减压器电源插座上。

（3）气体流量根据焊接工艺参数不同而变动,一般为10~25L/min。

### 2.5.3　焊机使用要求

（1）焊机输出接线规范、牢固、可靠绝缘,出线方向应向下接近垂直。

（2）焊机电源、机壳、母材接地良好、规范,接线处屏护罩完好。

（3）冷却风扇转动灵活、正常,焊接时手指、头发、衣服等不得靠近风扇、送丝轮等旋转部位。

（4）电源开关、指示灯、参数调节旋钮数显应灵活准确。

（5）定期清洁设备表面油污,定期采用压缩空气(不得含水分)进行电焊机内部清理。

（6）焊接作业结束后,应在3~5min后再切断焊机电源,以保证焊机内部冷却。

## 2.6 典型焊机的焊接工艺参数设置

焊接工艺参数设置

本节以深圳麦格米特公司的 Ehave 系列全数字 IGBT 逆变 $CO_2$/MAG/MMA 多功能焊接机为例,介绍焊接工艺参数设置方法。

### 2.6.1 焊机前面板

该焊机前面板如图2-9所示。

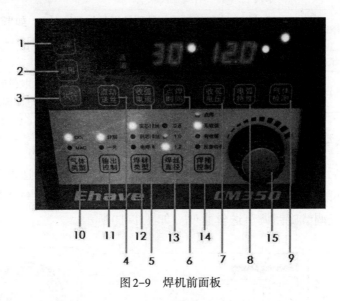

图2-9 焊机前面板

焊接机前面板各操作按键功能如表2-5所示。

表2-5 各操作按键功能

| 序号 | 键名 | 功能 |
|---|---|---|
| 1 | 存储键 | 1.对选择的焊接参数进行存储。2.在锁定中用于密码设置 |
| 2 | 调用键 | 1.对存储的焊接参数进行调用。2.在锁定中用于密码锁定 |
| 3 | 执行键 | 1.用于确认调用和存储的焊接参数。2.在锁定中用于普通的面板锁定 |
| 4 | 点动送丝键 | 可进行快速送丝,无气体流出,节约气体 |
| 5 | 收弧电流选择键 | 在有收弧和反复收弧的模式下,调节收弧电流的大小 |
| 6 | 点焊时间选择键 | 决定点焊时间长短 |
| 7 | 收弧电压选择键 | 在有收弧和反复收弧的模式下,调节收弧电压的大小 |
| 8 | 电弧特性选择键 | 用来调节电弧软硬状态 |
| 9 | 气体检测键 | 通过气体检测键检验有无气体流出 |
| 12 | 气体类型切换键 | 通过气体类型按键选择保护气体类型。其中MAG气体是指80%的Ar与20%的$CO_2$的混合气体 |

续表

| 序号 | 键名 | 功能 |
|---|---|---|
| 11 | 输出控制方式切换键 | "分别"表示焊接的电压电流可以单独设置;"一元"表示焊接电压跟随焊接电流的设置而自动变化,其焊接电压只能在系统自动匹配值(±9V)范围内调节。一元化调节时,请将送丝机控制面板上的电压旋钮指针调到标准范围 |
| 12 | 焊材类型切换键 | 通过焊材类型按键选择焊材。如果"气体类型"已经选择了"MAG",则系统会自动跳过"药芯焊丝"选项。如果"焊材类型"选择"电焊条",则此时系统进入手工电弧焊模式 |
| 13 | 焊丝直径切换键 | 通过焊丝直径按键选择使用的焊丝的直径大小。如果"焊材类型"为"药芯焊丝",则系统只能匹配直径为1.2mm或1.6mm的焊丝 |
| 14 | 焊接控制方式切换键 | 通过焊接控制按键选择焊接的控制方式 |
| 15 | 数值调节旋钮 | 用于手工电弧焊的电流、气体保护焊的收弧电压、收弧电流、点焊时间、电弧特性、锁定参数的密码输入及参数范围的电流电压锁定数值的调节 |

### 2.6.2　点动送丝速度调节

焊枪伸直后按住点动送丝按键,LED灯亮时送丝,松开点动送丝键,LED灯熄灭停止送丝。也可以在焊枪伸直后,通过送丝机遥控盒上的点动送丝按钮进行操作,用遥控盒上的电流调节旋钮调节送丝速度。如图2-10所示。

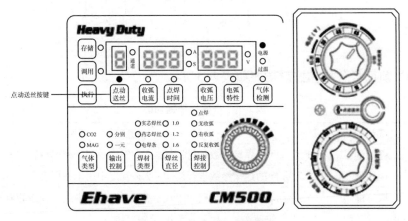

图2-10　点动送丝速度调节

### 2.6.3　点焊设置

点焊模式主要用于定位焊、短时间焊接。设置步骤如下:
(1)旋动焊机上的电压和电流刻度旋钮,调节好焊接电压和焊接电流;
(2)按下焊接控制按键进入点焊模式;
(3)按点焊时间键,用面板旋钮调节点焊时间的长短,点焊时间调节范围为0.1~10s;

（4）按住焊枪开关时电弧产生，松开焊枪开关时电弧熄灭。若设有点焊时间，一直按住开关时，到达设定时间，电弧自动熄灭；小于焊接设定时间，则在松开焊枪时点焊结束。如图2-11所示。

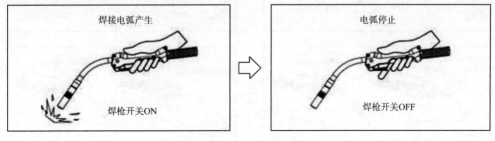

图2-11　点焊设置

### 2.6.4　收弧设置

焊接收弧的模式有"无收弧""有收弧"和"反复收弧"三种。

在"无收弧"模式下可直接进行焊接，通过焊机上电压和电流刻度旋钮调节好焊接电压和焊接电流，按下焊接控制键进入"无收弧"模式，即完成设置。

采用"有收弧"模式焊接是为了在焊接结束时，填补焊接结束后的弧坑或弧孔。旋转刻度旋钮调节好焊接电压和焊接电流，按下焊接控制键，进入"有收弧"模式。按住焊枪开关时电弧产生，松开焊枪开关时焊接电弧进入自锁。再次按住焊枪开关时切换到收弧焊接电弧，再次松开焊枪开关时焊接电弧熄灭，如图2-12所示。

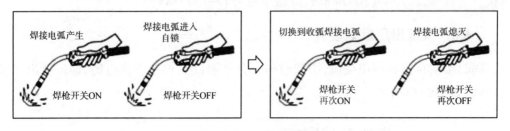

图2-12　有收弧模式设置

"反复收弧"模式主要用于收弧时填弧坑和弧孔。设置方法与"有收弧"模式基本相同，只是在按住焊枪开关时电弧产生，松开焊枪开关时焊接电弧进入自锁后，再次按住焊枪开关时切换到收弧焊接电弧，再次松开焊枪开关时焊接电弧熄灭，2秒后无动作，"反复收弧"焊接结束；如果2秒内再次按下焊枪开关，则进入第二次收弧，以此类推。反复收弧焊接如图2-13所示。

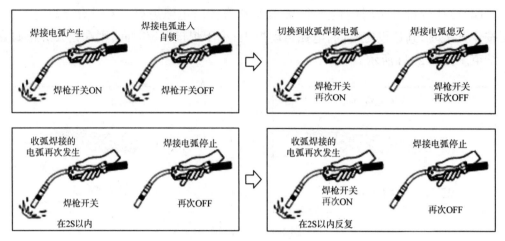

图2-13 反复收弧焊接

### 2.6.5 一元化/分别模式选择

一元化模式是指焊接电压会随电流的变化而变化。按下面板中分别键，调节电压旋钮至标准参数点30V。调节好标准点后，按下面板中的一元键，进入一元化模式焊接。一元化模式下焊丝直径为1.2mm时，电流一般设置为30~（300）400A，电压旋钮起微调电压作用，微调范围为±9V。

分别模式是指电压与电流分开调节。按下面板中的分别键，分别用电压旋钮调节焊接电压大小，电流旋钮调节焊接电流大小。分别模式下焊丝直径为1.2mm时，一般设置电流参数为30~（300）400A，电压参数为12~（34）38V。

### 2.6.6 恢复出厂默认设置

同时按下存储和调用按键，中间数码管会显示F01，再按下执行键，即恢复出厂设置，界面如图2-14所示。

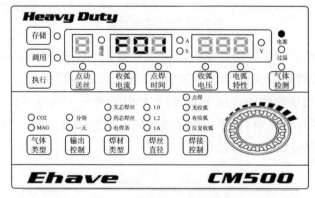

图2-14 恢复出厂设置界面

**思考题**

1. 焊接技术的演变与发展趋势。

2. 焊接的前期准备。

3. 汽车车身的焊接应当采用何种焊接系统?

4. 弧焊与点焊有什么区别,各用于什么类型产品的焊接?

5. 各种焊接各有何特点?

6. 保护气体的选择有何要求?

7. 试简述焊丝直径、焊脚尺寸和焊接电压、电流的相关性。

8. 试完成若干种焊接工艺规范的编制。

9. 理解各主要焊接工艺参数对焊接质量的影响。

10. 试完成若干种焊接工艺参数的设置,根据样本写出设置步骤。

## 学习要求

**知识目标**

·掌握PLC控制的基本原理；

·了解工业机器人PLC集成控制的基本方法。

**能力目标**

·能够完成焊接设备与工业机器人的电气连接；

·能够完成工业机器人与外围设备的电气连接。

# 3.1  可编程控制器(PLC)的结构与工作原理

## 3.1.1  可编程控制器(PLC)结构与功能特点

### 1.PLC的基本组成

可编程控制器是一种专门用于工业控制的计算机,硬件结构基本上与微型计算机相同,主要由电源、中央处理单元(CPU)、存储器、输入输出接口、功能模块和通信模块组成,如图3-1所示。

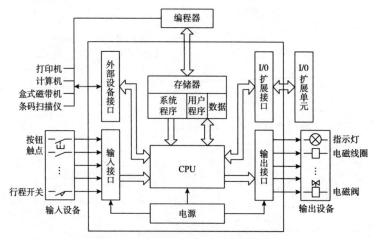

图3-1  可编程控制器(PLC)结构组成

（1）电源。可编程逻辑控制器的电源在整个PLC系统中起着十分重要的作用，一个良好的、可靠的电源是保证PLC正常工作的基础。我国交流电网的电压波动通常在+10%~+15%范围内，可以满足PLC的正常工作需要，可以将PLC直接连接在国家电网上。

（2）中央处理单元（CPU）。中央处理单元（CPU）是PLC的控制中枢，按照PLC系统程序赋予的功能，接收并存储从编程器键入的用户程序和数据，检查电源、存储器、I/O以及警戒定时器的状态，并能诊断用户程序中的语法错误。PLC投入运行时，以扫描的方式接收现场各输入装置的状态和数据，并分别存入I/O映像区。然后，从用户程序存储器中逐条读取用户程序，经过命令解释后，按指令的规定执行逻辑或算数运算的结果送入I/O映像区或数据寄存器内。待所有用户程序执行完毕之后，最后将I/O映像区的各输出状态或输出寄存器内的数据传送到相应的输出装置，如此循环运行，直到停止运行。

为了进一步提高可编程逻辑控制器的可靠性，对大型可编程逻辑控制器还采用双CPU构成冗余系统，或采用三CPU的表决式系统，从而确保在某个CPU出现故障时，整个系统仍能正常运行。

（3）存储器。存放系统软件的存储器称为系统程序存储器；存放应用软件的存储器称为用户程序存储器。

（4）输入输出接口。PLC输入接口电路由光耦合电路和微机的输入接口电路组成，是PLC与现场控制接口界面的输入通道。输出接口电路由输出数据寄存器、选通电路和中断请求电路集成，PLC通过输出接口电路向现场的执行部件输出相应的控制信号。

（5）功能模块。PLC功能模块一般包括高速计数模块、位置控制模块、温度模块、PID模块等，均有自带的CPU，可对信号作预处理或后处理，以简化PLC的CPU对复杂的程序控制量的控制。模块的种类、特性区别很大，性能越好的PLC，功能模块的种类越多。

（6）通信模块。通信模块接入PLC后可使PLC与计算机，或PLC与PLC进行通信，有的还可实现与变频器、温控器等其他控制部件通信，或组成局部网络。通信模块代表PLC的组网能力，是重要的PLC性能。

**2.PLC的功能特点**

（1）使用方便、编程简单。PLC一般采用梯形图、逻辑图或语句表等编程语言进行控制，无需计算机软件编程基础，简单易用，系统开发周期短，现场调试方便。另外，可在不拆动硬件的前提下，对程序、控制方案进行在线修改。

（2）功能多、性价比高。一台小型PLC内就有成百乃至上千个可供用户使用的编程元件，有很强的功能，可以实现非常复杂的控制功能。与相同功能的继电器系统相比，具有很高的性价比。PLC还可以通过通信进行联网，实现分散控制，集中管理。

（3）配套齐全、适应性强。PLC产品已经标准化、系列化、模块化,配备有品种齐全的各种硬件装置供用户选用,用户能灵活方便地进行系统配置,组成不同功能、不同规模的系统。PLC有较强的带负载能力,可以直接驱动一般的电磁阀和小型交流接触器。硬件配置确定后,可以通过修改用户程序,方便快速地适应工艺条件的变化。

（4）可靠性高、抗干扰。传统的继电器控制系统使用了大量的中间继电器、时间继电器,触点频繁动作容易导致接触不良而使故障率偏高。PLC用软件代替大量的中间继电器和时间继电器,仅有少量与输入和输出相关的硬件元件,接线可减少到继电器控制系统的1/10~1/100,因触点接触不良造成的故障大为减少。

PLC采取了一系列硬件和软件抗干扰措施,具有很强的抗干扰能力,平均无故障时间达到数万小时以上,可以直接用于有强烈干扰的工业生产现场,PLC已被公认为是最可靠的工业控制设备之一。

（5）系统设计、安装调试工作量少。PLC用软件功能取代了继电器控制系统中大量的中间继电器、时间继电器、计数器等器件,使控制系统的设计、安装、接线工作量大大减少。

PLC的梯形图程序一般采用顺序控制设计法来设计。这种编程方法很有规律,容易掌握。对于复杂的控制系统,设计梯形图的时间比设计相同功能的继电器系统电路图的时间要少得多。

PLC的用户程序可以在实验室模拟调试,输入信号用小开关来模拟,通过PLC上的发光二极管可观察输出信号的状态。完成系统的安装和接线后,在现场的统调过程中发现的问题一般通过修改程序就可以解决,系统的调试时间比继电器系统少得多。

（6）维修工作量小,维修方便。PLC的故障率很低,且有完善的自诊断和显示功能。PLC或外部的输入装置和执行机构发生故障时,可以根据PLC上的发光二极管或编程器提供的信息迅速地查明故障的原因,用更换模块的方法可以迅速地排除故障。

### 3.1.2 可编程控制器(PLC)的工作原理

可编程逻辑控制器(PLC)投入运行后,其工作过程一般分为输入采样、用户程序执行和输出刷新等三个阶段,完成上述三个阶段称作一个扫描周期。在整个运行期间,可编程逻辑控制器的CPU以一定的扫描速度重复执行上述三个阶段。

#### 1.输入采样

在输入采样阶段,可编程逻辑控制器(PLC)以扫描方式依次读入所有输入状态和数据,并将它们存入I/O映像区的存储单元内。输入采样结束后,转入用户程序执行和输出刷新阶段。在这两个阶段之间,即使输入状态和数据发生变化,I/O映像区的存储单元内的状态和数据也不会改变。因此,如果输入是脉冲信号,则该脉冲信号的宽度必须大于一个扫描周期,才能保证在任何情况下,该输入均能被读入。

**2.用户程序执行**

在用户程序执行阶段,可编程逻辑控制器(PLC)总是按由上而下的顺序依次扫描用户程序(梯形图)。在扫描每一条梯形图时,又总是先扫描梯形图左边的由各触点构成的控制线路,并按先左后右、先上后下的顺序对由触点构成的控制线路进行逻辑运算,然后根据逻辑运算的结果,刷新该逻辑线圈在系统RAM存储区中对应位的状态;或者刷新该输出线圈在I/O映像区中对应位的状态;或者确定是否要执行该梯形图所规定的特殊功能指令。

在用户程序执行过程中,只有输入点在I/O映像区内的状态和数据不会发生变化,而其他输出点和软设备在I/O映像区或系统RAM存储区内的状态和数据都有可能发生变化,而且排在上面的梯形图,其程序执行结果会对排在下面、用到这些逻辑线圈或数据的梯形图起作用。排在下面的梯形图,其被刷新的逻辑线圈的状态或数据只能到下一个扫描周期才能对排在其上面的程序起作用。

在程序执行的过程中如果使用立即I/O指令则可以直接存取I/O点,即使用I/O指令直接从I/O模块取值,输入过程中影像寄存器的值不会被更新,程序输出过程中影像寄存器会被立即更新,与立即输入有些区别。

**3.输出刷新**

当扫描用户程序结束后,可编程逻辑控制器(PLC)就进入输出刷新阶段。在此期间,CPU按照I/O映像区内对应的状态和数据刷新所有的输出锁存电路,再经输出电路驱动相应的外设。这时才是可编程逻辑控制器的真正输出。

# 3.2 常见工业PLC类型及典型编程方法

## 3.2.1 PLC的起源与发展

1968年美国通用汽车公司提出了取代继电器控制装置的要求,1969年,美国数字设备公司研制出了第一台可编程逻辑控制器PDP-14,并在美国通用汽车公司的生产线上试用成功。这是第一代可编程逻辑控制器,全称为Programmable Logic Controller,简称PLC,是世界上公认的第一台PLC。

1971年,日本研制出第一台DCS-8;1973年,德国西门子公司(SIEMENS)研制出欧洲第一台PLC,型号为SIMATIC S4;1974年,中国研制出第一台PLC,并于1977年开始工业应用。

20世纪70年代初出现了微处理器,很快被应用于可编程逻辑控制器,使PLC增加了运算、数据传送及处理等功能,完成了真正具有计算机特征的工业控制装置。可编程逻辑控制器是微机技术和继电器常规控制概念相结合的产物。

20世纪70年代中末期,可编程逻辑控制器进入实用化发展阶段,计算机技术全面引入可编程控制器中,使其功能发生了飞跃。更高的运算速度、超小型体积、更可靠的工业抗干扰设计、模拟量运算、PID功能及极高的性价比奠定了它在现代工业中的地位。

20世纪80年代初,可编程控制器已步入成熟阶段,在先进工业国家中已获得广泛应用。世界上生产可编程控制器的国家日益增多,产量日益上升。

20世纪80年代至90年代中期是可编程逻辑控制器发展最快的时期,年增长率一直保持为30%~40%。在这个时期,PLC在处理模拟量能力、数字运算能力、人机接口能力和网络能力得到大幅度提高,可编程逻辑控制器逐渐进入过程控制领域,在某些应用上取代了在过程控制领域处于统治地位的DCS系统。

20世纪末期发展了大型机和超小型机,诞生了各种各样的特殊功能单元,生产了各种人机界面单元、通信单元,使应用可编程逻辑控制器的工业控制设备的配套更加容易,可编程逻辑控制器的发展更加适应于现代工业的需要。

### 3.2.2 西门子(SIEMENS)PLC

#### 1. 西门子PLC分类及常用型号

德国西门子公司生产的可编程序控制器产品包括S7系列PLC、工业网络、HMI人机界面和工业软件等,广泛应用于机械制造、冶金、化工等工业领域。西门子S7系列PLC可分为微型(S7-200),小规模(S7-300)和中、高性能(S7-400)等产品,具有体积小、速度快、标准化、网络通信能力和功能强、可靠性高等特点。

SIMATIC S7-200 PLC是超小型化的PLC,适用于各行各业,各种场合中的自动检测、监测及控制等,单机运行或连成网络都能实现复杂的控制功能。S7-200PLC可提供4个不同的基本型号与8种CPU供选择使用。

SIMATIC S7-300是模块化小型PLC系统,能满足中等性能要求的应用,各种单独的模块之间可进行广泛组合构成不同要求的系统。与S7-200 PLC相比,S7-300 PLC采用模块化结构,具有指令运算速度高(0.6~0.1μs)、使用浮点数运算可有效实现复杂算术运算、提供标准用户接口的软件工具方便给所有模块进行参数赋值、人机界面服务集成操作系统内对话的编程少等特点。

SIMATIC S7-400 PLC是用于中、高档性能范围的可编程序控制器,采用模块化无风扇的设计,可靠耐用,同时可以选用多种级别(功能逐步升级)的CPU,并配有多种通用功能的模板,用户可根据需要组合成不同的专用系统。当控制系统规模扩大或升级时,只要适当地增加一些模板,便能使系统升级和充分满足需要。

西门子HMI硬件配合PLC使用,为用户提供数据、图形和事件显示,主要有文本操作面板TD200(可显示中文)OP3、OP7、OP17等,图形/文本操作面板OP27、OP37等,触摸屏操作面板TP7、TP27/37、TP170A/B等,SIMATIC面板型PC670等。HMI硬件需要经过软件(如ProTool)组态才能配合PLC使用。

西门子的工业软件分为编程和工程工具、基于PC的控制软件和人机界面软件三大类。

编程和工程工具包括所有基于PLC或PC用于编程、组态、模拟和维护等控制所需的工具。Step 7标准软件包SIMATIC S7用于S7-300/400、C7 PLC和SIMATIC。

(1)基于PC的控制系统WinAC软件允许使用个人计算机作为可编程序控制器(PLC)运行用户的程序,运行在安装了Windows NT 4.0操作系统的SIMATIC工控机或其他商用机。WinAC提供两种PLC:一种是软件PLC,在用户计算机上作为视窗任务运行;另一种是插槽PLC(在用户计算机上安装一个PC卡),它具有硬件PLC的全部功能。WinAC与SIMATIC S7系列处理器完全兼容,其编程采用统一的SIMATIC编程工具(如Step 7),编制的程序既可运行在WinAC上,也可运行在S7系列处理器上。

(2)人机界面软件有应用于机器级的ProTool和应用于监控级的WinCC两种。ProTool适用于大部分HMI硬件的组态,从操作员面板到标准PC都可以用集成在Step 7中的ProTool有效地完成组态。ProTool/lite用于文本显示的组态,如OP3、OP7、OP17、TD17等。ProTool/Pro用于组态标准PC和所有西门子HMI产品,ProTool/Pro不只是组态软件,其运行版也用于Windows平台的监控系统。WinCC是一个真正开放的、面向监控与数据采集的SCADA(Supervisory Control and Data Acquisition)软件,可在任何标准PC上运行。WinCC操作简单、系统可靠性高,与Step 7功能集成,可直接进入PLC的硬件故障系统,节省项目开发时间。可以连接到已存在的自动化环境中,有大量的通信接口和全面的过程信息和数据处理能力,其最新的WinCC5.0支持在办公室通过IE浏览器动态监控生产过程。

### 2.西门子PLC的特点

西门子PLC的输入与输出在物理上是彼此隔开的,两者之间的联系是依靠运行存储在内存中的程序来实现的。西门子PLC的输入输出不是依靠物理过程、硬件线路,而是依靠信息过程用软逻辑联系。信息不同于物质与能量,更便于处理、传递、存储和重用。由于西门子PLC组成上的独特设计,使其具有如下特点:

(1)功能丰富。西门子PLC的指令多达几十条、几百条,可进行各式各样的逻辑问题的处理,还可进行各种类型数据的运算。它的内存中的数据存储区,种类繁多,容量大。I/O继电器用以存储输入、输出的点少则几十、几百,多则可达几千、几万,以至十几万。

西门子PLC还有丰富的外部设备,可建立友好的人机界面,以进行信息交换;可输入程序、数据,读出程序、数据,而且读写时可在图文并茂的画面上进行。数据可采用键盘输入、存储卡读入等方式,数据读出后可转储、打印。

西门子PLC具有通信接口,可与计算机链接或联网进行信息交换。PLC之间也可以联网,以形成单机所不能实现的、更大的、地域更广的控制系统。

西门子PLC具有强大的自检功能进行自诊断并自动记录诊断结果，增加了透明度，方便维修。

（2）使用方便。西门子PLC控制逻辑的建立在程序基础上，程序代替硬件接线，以更改程序替代更改接线，实现对系统的控制。

西门子PLC的硬件高度集成化，已集成为多种小型化模块，并已实现了系列化与规格化，硬件系统配置与建造也非常方便。

### 3.西门子PLC编程软件及使用

不同的品牌的PLC使用不同的编程语言，同一厂家的PLC的编程语言也有多种，西门子PLC的编程语言主要有以下几种。

（1）顺序功能图（Seauential Fuction Chart，SFC）。SFC是一种图形语言，主要用来编写顺序控制程序。编写时将工艺过程划分为若干个顺序出现的步，每步中包括控制输出的动作，从一步到另一步的转换由转换条件来控制，特别适合于生产制造过程。

（2）梯形图（LAdder Diagram，LAD）。LAD是使用最多的PLC编程语言。因与继电器电路很相似，具有直观易懂的特点，很容易被熟悉继电器控制的电气人员所掌握，特别适合于数字量逻辑控制。

梯形图由触点、线圈和用方框表示的指令构成。触点代表逻辑输入条件，线圈代表逻辑运算结果，常用来控制指示灯、开关和内部的标志位等。指令框用来表示定时器、计数器或数学运算等附加指令。程序的最左边是主信号流，信号流均是从左向右流动。梯形图不适合编写大型控制程序。

（3）语句表（STatement List，STL）。STL是一种类似于微机汇编语言的文本编程语言，由多条语句组成一个程序段。语言表适合于经验丰富的程序员使用，可以实现某些梯形图不能实现的功能。

（4）功能块图（Function Block Diagram，FBD）。FBD使用类似于布尔代数的图形逻辑符号来表示控制逻辑，一些复杂的功能用指令框表示，适合于有数字电路基础的编程人员使用。功能块图用类似于与门、或门的框图来表示逻辑运算关系，方框的左侧为逻辑运算的输入变量，右侧为输出变量，输入、输出端的小圆圈表示"非"运算，方框用"导线"连在一起，信号自左向右。

（5）结构化文本（Structured Text，ST）。ST是为IEC61131−3标准创建的一种专用的高级编程语言。与梯形图相比，能实现复杂的数学运算，编写的程序非常简洁和紧凑。

Step 7的S7 SCL是结构化控制语言，编程结构和C语言、Pascal语言相似，特别适合于习惯于使用高级语言编程的人使用。

西门子Step 7编程软件适用于S7/M7/C7系列西门子PLC，以"块"形式管理用户编写的程序和数据。Step 7的程序是一种结构化的程序，它把程序分为四种模块：

①组织模块(OB)用于对后三种模块的调用与管理;

②程序模块(FB)用于实现简单逻辑控制任务;

③功能模块(FC)用于对较复杂的控制任务进行编程,以实现调用;

④数据模块(DB)存储程序运行所需的数据。

在Step 7操作系统中还固化了一些子程序,用户可以根据实际需要调用这些模块来满足控制要求。

OB1用于线性和结构化的程序执行。对结构化的程序,所有的模块调用都将写入OB1中,OB1可由操作系统自动循环调用。

OB35是一个循环中断程序,操作系统可每隔一定时间就产生中断运行,比OB1具有更高的优先级。OB35可以中断OB1的运行,处理自身程序,中断的时间可在Step 7硬件组态中设定。

西门子PLC编程软件Step 7为用户提供了多种功能块,用户可以在编程组态过程中调用以完成各种逻辑功能。

**4.西门子PLC通信**

PLC通信是指PLC与PLC、PLC与计算机、PLC与现场设备或远程I/O之间的信息交换。PLC通信的任务就是将地理位置不同的PLC、计算机、各种现场设备等,通过通信介质连接起来,按照规定的通信协议,以某种特定的通信方式高效率地完成数据的传送、交换和处理。

(1)串口通信方式。串口通信可以将S7200系列PLC上的PPI编程口,通过西门子标准编程电缆或标准485电缆链接到计算机串口上;也可以使用西门子专用紫色电缆及网络接头、常规有源RS485/232转换模块(如研华ADAM4520)进行PLC 485编程口和计算机标准232口的连接;还可以使用西门子专用紫色电缆和网络接头,直接进行PLC RS485编程口和计算机RS485口的连接。

串口通信一般适用于PLC和PC机之间距离较近,两者进行直接串口通信的场合。常用组态王直接驱动有以下三种形式:

①PLC→西门子→S7200系列→PPI;

②PLC→西门子→S7200系列→自由口;

③PLC→西门子→S7200系列→Modbus。

组态王所在的计算机不需要安装S7200 编程软件,各自具体配置按照组态王对应驱动帮助执行即可。

因为PPI协议的特殊性,读取一个数据包一般需要400ms,如发现PPI 通信速度慢时,需此标准分析用户工程通信速度是否在合理的范围。如果通信速度在该驱动所支持的合理范围内,但仍然不能满足用户需要时,可更换为自由口或Modbus通信方式。当用户使用自由口或Modbus通信驱动时,需要向PLC中下载对应协议程序。用户必须在此通信协议基础上继续编写用户自己的逻辑控制程序,该逻辑控制程序中用到的寄存器不能和通信协议中所占用的典型厂家设备的通信总线地址冲突。PLC自由口协议程序,默认占用了V300及以前的地址;PLC Modbus协议程序占用V1000及以前的地址。

(2)MPI通信卡方式。MPI通信卡方式使用S7200PLC上的编程口,在计算机上插一块西门子公司的CP5611(或CP5613)等MPI通信卡(具体根据带PLC类型和数量,由西门子公司确定使用何种通信卡),通信卡和PLC之间使用西门子提供的标准转换接头和通信电缆实现硬件连接。

MPI为多点接口协议,支持多个上位PC进行MPI通信,具体能够支持的最多上位PC数量由西门子公司确定。这种通信方式一般适用于一台PC和多个PLC进行通信的场合,或者多台PLC和多台PC进行链接,但常规通信距离为50米,超过时需通过中继器扩展通信链路长度。

在组态王中对应的设备定义向导为PLC→西门子→S7200系列→S7200MPI(通信卡)。组态王所在的计算机必须安装Step 7编程软件。

(3)以太网通信方式。以太网通信使用西门子S7200上扩展的CP243-1以太网模块,PC上使用普通以太网卡或者西门子公司提供的CP1613等以太网卡,PLC和PC之间通过以太网线进行连接。一般用于通信距离在局域网允许距离之内,对通信速度要求较高的场合。

组态王通信支持以下两种方式:

①组态王提供直接驱动。在组态王中对应的设备定义向导为PLC&#1048774;西门子→S7-200系列→TCP。不需要在组态王所在的计算机上安装Step 7或Simatic net通信软件,在组态王6.52以后的版本中默认提供。

②使用OPC进行和组态王通信。需要在计算机上安装西门子公司提供的Simatic net 6.0或以上版本基于以太网的授权软件,利用该软件提供的OPCServer功能实现和上位机组态王通信。

(4)Profibus-DP通信方式。这种方式使用西门子PLC的CPU上集成的DP接口或者扩展的DP通信模块DP接口,计算机上扩展的CP5611或者CP5613等通信卡,使用西门子标准的网络接头和通信电缆完成通信卡和PLC的DP接口之间的连接。一般一块通信卡通过DP总线可以连接多台PLC,具体可以连接的数量需根据设备型号由西门子公司确认。使用该方式通信时,需要在计算机上安装Step 7编程软件和Simatic net 6.0或以上版本的通信配置软件和授权。通过Step 7编程软件将PLC上的DP接口配置为DP协议Slave站;通过Set PG/PC interface接口将CP5611(或者CP5613卡)配置为DP协议master站。一般用于数据交换量少,速度要求较高的场合。

组态王通信支持以下两种方式:

①组态王提供直接驱动。在组态王中对应的设备定义向导为PLC→西门子→S7-

200系列→Profibus→DP。该驱动只支持DP通信卡配置为唯一主站,所有PLC等必须配置为从站的工作模式,并且只支持一个上位机组态王和所有从站PLC进行通信。

需要在组态王所在的计算机上安装Simatic net 6.0或以上版本的基于DP的授权通信软件,具体使用方法请参考组态王6.52或以上版本软件中自带的驱动帮助文档。

②使用OPC进行和组态王通信。需要计算机上安装西门子公司提供的Simatic net 6.0或以上版本基于DP的授权软件,利用该软件提供的OPCServer功能实现和上位机组态王通信。

(5)Profibus-S7通信方式。使用西门子PLC的CPU上集成的DP接口或者扩展的DP通信模块上的DP接口,计算机上扩展的CP5611或者CP5613等通信卡,使用西门子标准的网络接头和通信电缆完成通信总线卡和PLC的DP接口之间的连接。一般一块通信卡通过DP总线可以连接多台PLC,具体可以连接的数量需根据设备型号向西门子公司确认。一般用于对数据通信速度要求较高的场合。

组态王通信支持的两种方式:

①组态王提供直接驱动。在组态王中对应的设备定义向导为PLC→西门子→S7-200系列→Profibus→S7。需要在组态王所在的计算机上安装Step 7编程软件,但不需要安装SIMATIC NET软件。

②使用OPC进行和组态王通信。需要本机安装西门子公司提供的Simatic net 6.0或以上版本基于S7的授权软件。利用该软件提供的OPCServer功能实现和上位机组态王通信。

以上两种通信方式都支持和多个上位机器组态王的同时通信,支持的上位机数量大于等于7。

(6)Modem通信方式。西门子S7200提供集成了Modem接口,且具有ModbusRTU协议的CP241通信模块。组态王和该模块进行通信时,需要在PC机上插一个主叫Modem,CP241的Modem接口就相当于一个集成的普通被叫Modem。一般用于通信距离较远,希望使用Modem链路进行通信的场合。

组态王通信支持如下驱动:

PLC→莫迪康→Modbus RTU→串口。

PLC→西门子→S7-200系列→EM241ModbusRtu→串口。

### 3.2.3 三菱PLC

#### 1.三菱PLC分类及常用型号

三菱PLC采用可编程的存储器用于其内部存储程序,执行逻辑运算、顺序控制、定时、计数与算术操作等面向用户的指令,并通过数字或模拟式输入/输出控制各种类型的机械或生产过程。三菱PLC在中国市场常见的有FR-FX1N、FR-FX1S、FR-FX2N、FR-FX3U、FR-FX2NC、FR-A和FR-Q等型号。

FX1S是一种小型集成单元式PLC,具有完整的性能和通信功能等扩展性,是一种考虑安装空间和成本的理想选择。FX1S系列为整体固定I/O结构,最大I/O点数为40点,I/O点数不可扩展。FX1S系列PLC只能通过RS-232、RS-422\RS-485等标准接口与外部设备、计算机以及PLC之间通信。

FX1N\FX2N\FX3U系列为基本单元加扩展的结构形式,可以通过I/O扩展模块增加I/O。FX1N最大的I/O点数是128点,FX2N最大的I/O点数是256点,FX3U最大的I/O点数是384点(包括CC-Link连接的远程I/O)。FX1NC\FX2NC\FX3UC是变形系列,主要区别是端子的连接方式和PLC的电源输入,变形系列的端子采用的插入式,输入电源只能为24V DC,较普通系列要便宜。普通系列的端子是接线端子连接,允许使用AC电源。FX1N\FX2N\FX3U增加了AS-I\CC-Link网络通信功能。

FX1N系列是三菱电机推出的功能强大的普及型PLC,具有扩展输入输出、模拟量控制和通信、链接功能等扩展性,广泛应用于一般的顺序控制。FX2N系列具有高速处理及可扩展大量满足单个需要的特殊功能模块等特点,为工厂自动化应用提供最大的灵活性和控制能力。

FX3U系列为FX2N的替代产品,基本性能大幅提升,晶体管输出型的基本单元内置了3轴独立的最高100kHz的定位功能,并且增加了新的定位指令,从而使得定位控制功能更加强大,使用更为方便。

三菱Q系列PLC是从原A系列PLC基础上发展起来的中大型PLC系列产品。按照不同的性能,Q系列PLC的CPU可分为基本型、高性能型、过程控制型、运动控制型、计算机型、冗余型等多种系列产品。

基本型CPU包括Q00J、Q00、Q01三种基本型号。Q00J型为机构紧凑、功能精简型PLC,最大的I/O点数为256点,程序容量为8K,适用于小规模控制系统。Q01系列CPU是基本型中功能最强的产品,最大的I/O点数可以达到1024点。

高性能CPU包括Q02、Q02H、Q06H、Q12H、Q25H等品种,Q25H系列的功能最强,最大的I/O点数为4096点,程序容量为252K,可以适用于中大规模的控制系统。Q系列过程控制CPU包括Q12PH、Q25PH两种基本型号,可以用于小型DCS系统的控制。过程控制CPU构成的PLC系统,编程软件使用与通用DX Develop PLC系统不同的PX Develop。Q系列过程控制CPU可以使用过程控制专用编程语言FBD进行编程,过程控制CPU增强了PID调节功能。

Q系列运动CPU包括Q172、Q173两种基本型号,分别可以用于8轴与32轴的定位控制。Q系列冗余CPU目前有Q12PRH与Q25PRH两种规格,冗余系统用于对控制系统可靠性要求极高,不允许控制系统出现停机的场合。

**2.三菱PLC的特点**

(1)FX系列的主要特点

①体积极小。三菱PLC的FX1S、FX1N和FX2N系列PLC的高度为90mm,深度为

75mm（FX1S\FX1N系列）和87mm（FX2N\FX2NC系列），FX1S-14M的底部尺寸仅为90mm×60mm，相当于一张卡片大小，很适合于在机电一体化产品中使用。它的基本单元、扩展单元和扩展模块的高度和深度相同，宽度不同。它们之间用扁平电缆连接，紧密拼装后可组成一个整齐的长方体。

②提供多个子系列。FX1S的功能简单实用、价格便宜，可用于小型开关量控制系统，最多30个I/O点，有通信功能，可用于一般的紧凑型PLC不能应用的地方；FX1N最多可配置128个I/O点，可用于要求较高的中小型系统；FX2N的功能最强，可用于要求很高的系统；FX2NC的结构紧凑，基本单元有16点、32点、64点和96点4种，可扩展到256点，有很强的通信功能。

③系统配置灵活。FX系列的系统配置灵活，用户除了可选不同的子系列外，还可以选用多种基本单元、扩展单元和扩展模块，组成不同I/O点和不同功能的控制系统。FX系列的基本单元采用整体式结构，硬件配置既具有模块式PLC的灵活性，又具有比模块式三菱PLC更高的性价比。

每台三菱PLC可将一块功能扩展板安装在基本单元内，不需要外部的安装空间。功能扩展板有4点开关量输入板、2点开关量输出板、2路模拟量输入板、1路模拟量输出板、8点模拟量调整板、RS-232C通信板、RS-485通信板和RS-422通信板等品种。显示模块FX1N-5DM可以直接安装在FX1S和FX1N上，它可以显示时钟的当前时间和错误信息，可对定时器、计数器和数据寄存器等进行监视，也可对设定值进行修改。

FX系列还有模拟量输入输出模块、热电阻、热电偶温度传感器、模拟量输入模块、温度调节模块、高速计数器模块、脉冲输出模块、定位控制器、可编程凸轮开关、CC-Link系统主站模块、CC-Link接口模块、MELSEC远程I/O连接系统主站模块、AS-i主站模块、DeviceNet接口模块、Profibus接口模块、RS-232C通信接口模块、RS-232C适配器、RS-485通信板适配器、RS-232C／RS-485转换接口等许多特殊模块。

三菱FX系列PLC还有多种规格的数据存取单元，可用来修改定时器、计数器的设定值和数据寄存器的数据，也可以作为监控装置来显示字符或显示画面。

④功能强，使用方便。FX系列内置有高速计数器，具有输入输出刷新、中断、输入滤波时间调整、恒定扫描时间等功能，有高速计数器的专用比较指令。具有使用脉冲列输出功能，可直接控制步进电动机或伺服电动机。脉冲宽度调制功能可用于温度控制或照明灯的调光控制。可设置8位数字密码，以防止别人对用户程序的误改写或盗用，保护设计者的知识产权。FX系列的基本单元和扩展单元一般采用插接式的接线端子排，更换单元方便快捷。

（2）三菱PLC-Q系列的主要特点

①基本模式有Q00JCPU\Q00CPU\Q01CPU。Q00JCPU是一个由CPU模块、电源模块（100~240V）和主基板单元（5槽）组成的CPU单元，Q00CPU和Q01CPU是离散的CPU模块。当使用Q系列的I/O模块和智能功能模块时，QCPU的基本模式就能获得

一个具有高性能、高功能和高性价比的紧凑系统。如将无需电源的Q5B扩展模块与由电源、CPU和基板组合为一体的Q00JCPU相连,就可以配置成一个紧凑的系统。同样也可以通过装载以太网模块、MELSECNET/H模块或CC-Link网络模块来配置网络系统。

尽管Q00J/Q00CPU的程序容量只有8K,Q01CPU的程序容量只有14K,但是它们使用的程序指令代码位数少,所以编制的控制程序大约是普通A系列所编写的控制程序的两倍。软元件的存储器为18K字,约是AnSCPU软元件存储器的5倍,而且允许软元件在16K范围内指定。此外,Q00/Q01CPU将RAM用做文件寄存器的标准RAM;文件寄存器含有32K字,约是AnSHCPU文件寄存器所含字数的4倍。因此,紧凑系统能处理大容量的数据。

QCPU基本模式都含有闪存ROM,标准的CPU能在不使用存储卡的情况下执行ROM操作,可以使用GXDeveloper第7个及以后的版本方便地对闪存ROM进行写入操作。Q00/Q01CPU基本模式具有串行通信功能,CPU的RS-232接口能与使用MC通信协议的外部设备进行通信,此功能使CPU不再需要串行通信模块,降低了成本。

具有自动CC-Link启动功能,可以在不设定参数的情况下启动CC-Link、刷新数据,减少了人工设定参数的时间。

②多PLC系统的配置。三菱PLCQ系列是可在同一个主基板上安装多个高性能CPU的多PLC系统,可以控制系统中每一个CPU对I/O模块和智能功能模块进行管理。在多PLC系统中,可以根据应用要求来选择CPU。对于多CPU系统,CPU之间的通信可使用自动刷新的循环通信和使用专用指令的瞬时通信等两种方法。此系统还允许多个专用CPU共享通常由单个CPU执行的顺序控制和数据处理,提高了整个系统的速度和性能,扩大了系统的应用范围。

③用GX Developer访问多CPU。通过GXDeveloper来设定参数,组成多PLC系统的操作简单化。只要将GXDeveloper和一个CPU链接,无需更换电缆,就可以在其他CPU上执行编程/监视功能。

### 3.三菱PLC编程软件及使用

编程器是人机对话的重要外围设备,用来对PLC进行编程以及对PLC的工作过程进行监控。三菱公司FX系列PLC的编程设备有手持式简易编程器(简称HPP)FX-20P-E和图形编程器GP-80FX-E。

编程软件有MELSEC-MEDOC、SWOPC-GP/WIN-C和GX Developer等,可以在个人计算机上进行编程,通过通信接口对PLC进行程序写入、监控等操作。MELSEC-MEDOC只能在DOS操作系统上运行,FX-GPWIN 只适合FX系列PLC编程使用,GXDeveloper适合FX、Q、A系列PLC编程使用,GX-WORK2适合FX、Q、L系列PLC编程使用。

(1)三菱SWOPC-FXGP/WIN-C编程软件。是1996年开发应用于FX系列PLC的编程软件,可在 Windows 2000 或 Windows XP 及以上操作系统运行。该软件包可以用梯形图、指令表或SFC编程,并可以与原有基于DOS操作系统的程序在内的编程软件相兼容,现在基本上已被GX Developer编程软件取代。

(2)三菱GX Developer编程软件。是2005年开发适用于Q、QnU、QS、QnA、AnS、AnA、FX等全系列PLC的编程软件。支持梯形图、指令表、SFC、ST及FB、Label语言程序设计,网络参数设定。可进行程序的在线更改、监控及调试,具有异地读写PLC程序功能。还能将所编程序存储为文件,输出打印。

(3)三菱PLC仿真软件GX Simulator。仿真软件的功能就是将编写好的程序在电脑中虚拟PLC运行,观察程序中各软元件的工作状态,从而发现程序是否编写正确,方便进行程序修改。GX Simulator是基于GX Developer的仿真软件,必须先安装编程软件GX Developer,再安装仿真软件GX Simulator。因为仿真软件已被集成到编程软件GX Developer中,是编程软件的一个插件,安装好编程软件和仿真软件后,在桌面或者开始菜单中并没有仿真软件的图标。

### 4.三菱PLC通信

三菱FX系列PLC是三菱基本的PLC,常用的通信方式有:CC-LINK连接、N:N网络连接和并联连接。

(1)CC-LINK连接(见图3-2)。CC-LINK通信可用于扩展CC-LINK功能的FX1N、FX1NC、FX2N、FX2NC、FX3U、FX3UC等系列PLC,而没有扩展模块功能的FX1S系列不能用此通信方式。

FX1N/FX2N/FX3U既可以作为主站,也可以作为远程设备站使用。在CC-LINK网络中还可以加入变频器伺服等符合CC-LINK规格的设备。此种通信因为要加CC-LINK通信模块,所以成本较高。

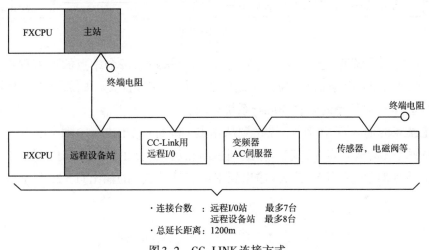

图3-2 CC-LINK连接方式

（2）N∶N网络连接（见图3-3）。FX2N/FX2NC/FX1N/FXON可编程控制器的数据传输可使用N∶N网络链接小规模系统中的数据。对于FX1N/FX2N/FX2NC系列可编程控制器，使用N∶N网络通信的辅助继电器M8038来设置网络参数。M8183在主站点的通信错误时为ON；M8184到M8190在从站点产生错误时为ON（第1个从站点为M8184，第7个从站点为M8190）；M8191在与其他站点通信时为ON。

数据寄存器D8176设置站点号，0为主站点，1到7为从站点号。D8177设定从站点的总数，设定值1为1个从站点，2为两个从站点；D8178设定刷新范围，0为模式0（默认值），1为模式1，2为模式2；D8179主站设定通信重试次数，设定值为0到10；D8180设定主站点和从站点间的通信驻留时间，设定值为5到255，对应时间为50到2550ms。

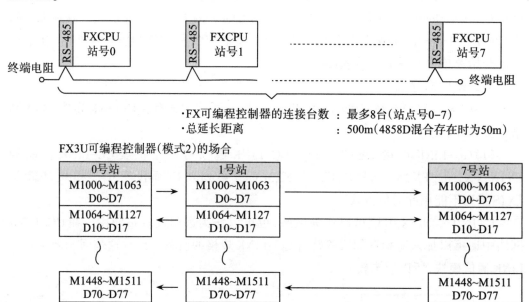

图3-3　N∶N网络连接方式

【例3-1】某系统有三个站点，一个主站，两个从站。每个站点的可编程控制器都连接到FX2N-485-BD通信板，通信板之间用单根双绞线连接。刷新范围选择模式1，重试次数选择3，通信超时选择50ms，系统要求：

①主站点的输入点X0到X3输出到从站点1和2的输出点Y10到Y13；

②从站点1的输入点X0到X3输出到主站和从站点2的输出点Y14到Y17；

③从站点2的输入点X0到X3输出到主站和从站点1的输出点Y20到Y23。

主站点的梯形图编制：

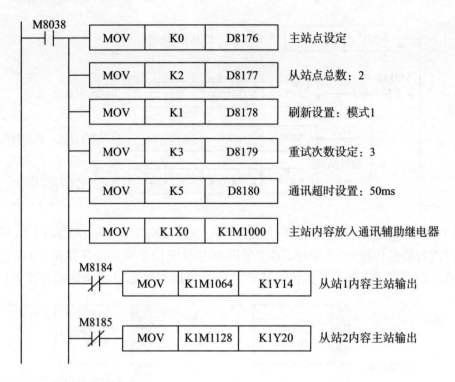

从站点 1 的梯形图编制：

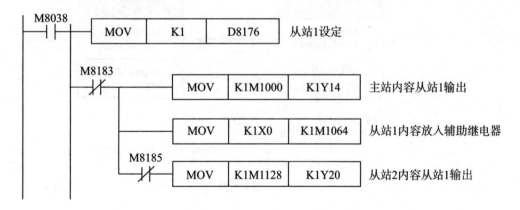

从站点2的梯形图编制：

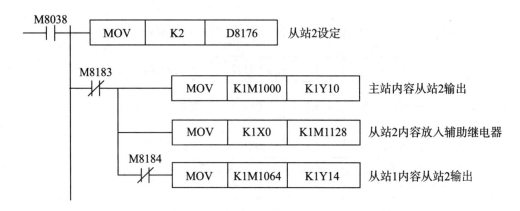

（3）并联连接（见图3-4）。并行通信采用FX2N/FX2NC/FX1N/FX和FX2C可编程控制器进行数据传输时，是采用100个辅助继电器和10个数据寄存器在1:1的基础上来完成。FXlS和FXON的数据传输是采用50个辅助继电器和10个数据寄存器进行。

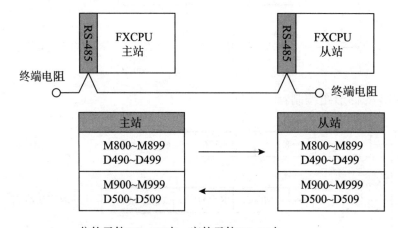

位软元件(M) 100点，字软元件(D) 10点
·FX可编程控制器的连接台数：2台
·总延长距离　　　　　：500m(485BD时为50m)※1
※1　FX2-40AW/AP不同

图3-4　并联连接

当两个FX系列的可编程控制器的主单元分别安装一块通信模块后，用单根双绞线连接即可，编程时设定主站和从站，应用特殊继电器在两台可编程控制间进行自动的数据传送，很容易实现数据通信连接。主站和从站的设定由M8070和M8071设定，另外并行连接有一般和高速两种模式，由M8162的通断识别。

在并行通信系统中，控制要求如下：

①主站点输入X0到X7的ON/OFF状态输出到从站点的Y0到Y7；

②当主站点的计算结果(D0+D2)大于100时，从站的Y10通。

从站点的M0到M7的ON/OF状态输出到主站点的Y0到Y7,从站点中D10的值被用来设置主站点中定时器。

主站点梯形图如图3-5所示。

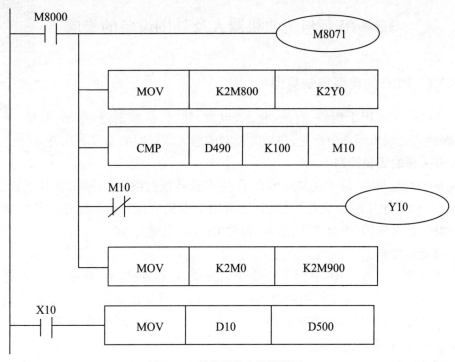

图3-5  并行通信主站梯形图

小型控制系统中的可编程控制器除了使用编程软件外,一般不需要与别的设备通信。可编程控制器的编程器接口一般都是RS-422或RS-485,而计算机的串行通信接口是RS-232C,编程软件与可编程控制器交换信息时需要配接专用的带转接电路的编程电缆或通信适配器。

大多数可编程控制器都有一种串行口无协议通信指令,如FX系列的RS指令,它们用于可编程控制器与上位计算机或其他RS-232C设备的通信。这种通信方式最为灵活,可编程控制器与RS-232C设备之间可以使用用户自定义的通信规定,但是可编程控制器的编程工作量较大,对编程人员的要求较高。如果不同厂家的设备使用的通信规定不同,即使物理接口都是RS-485,也不能将它们接在同一网络内,在这种情况下一台设备要占用可编程控制器的一个通信接口。

用各种RS232C单元,包括个人计算机、条形码阅读器和打印机,来进行数据通信,可通过无协议通信完成,此通信使用RS指令或一个FX2N-232IF特殊功能模块完成。

三菱GOT-900系列图形操作终端可用于多个厂家的可编程控制器,与组态软件一样,可编程终端与可编程控制器的通信程序也不需要由用户来编写。在为编程终端的画面组态时,只需要指定画面中的元素(如按钮、指示灯)对应的可编程控制器编程元件的编号就可以了,二者之间的数据交换是自动完成的。

# 3.3 PLC与工业机器人及外围设备的集成

PLC与工业
机器人的集成

## 3.3.1 PLC的典型控制类型

PLC已广泛应用于钢铁、石油、化工、电力、建材、机械制造、汽车、轻纺、交通运输、环保及文化娱乐等各个行业,典型的控制类型大致可归纳为以下几类。

**1. 开关量的逻辑控制**

这是PLC最基本、最广泛的应用领域,它取代传统的继电器电路,实现逻辑控制、顺序控制,既可用于单台设备的控制,也可用于多机群控及自动化流水线。如注塑机、印刷机、订书机械、组合机床、磨床、包装生产线、电镀流水线等。

**2. 模拟量控制**

在工业生产过程当中,有许多连续变化的量,如温度、压力、流量、液位和速度等都是模拟量。为了使可编程控制器处理模拟量,必须实现模拟量(Analog)和数字量(Digital)之间的A/D转换及D/A转换。PLC厂家都生产配套的A/D和D/A转换模块,使可编程控制器用于模拟量控制。

**3. 运动控制**

PLC可以用于圆周运动或直线运动的控制。从控制机构配置来说,早期直接用于开关量I/O模块连接位置传感器和执行机构,现在一般使用专用的运动控制模块。如可驱动步进电机或伺服电机的单轴或多轴位置控制模块。世界上各主要PLC厂家的产品几乎都有运动控制功能,广泛用于各种机械、机床、机器人、电梯等场合。

**4. 过程控制**

过程控制是指对温度、压力、流量等模拟量的闭环控制。作为工业控制计算机,PLC能编制各种各样的控制算法程序,完成闭环控制。PID调节是一般闭环控制系统中用得较多的调节方法。大中型PLC都有PID模块,目前许多小型PLC也具有此功能模块。PID处理一般是运行专用的PID子程序。过程控制在冶金、化工、热处理、锅炉控制等场合有非常广泛的应用。

**5. 数据处理**

现代PLC具有数学运算(含矩阵运算、函数运算、逻辑运算)、数据传送、数据转换、排序、查表、位操作等功能,可以完成数据的采集、分析及处理。这些数据可以与存储在存储器中的参考值比较,完成一定的控制操作,也可以利用通信功能传送到别的智能装置,或将它们打印制表。数据处理一般用于大型控制系统,如无人控制的柔性制造系统;也可用于过程控制系统,如造纸、冶金、食品工业中的一些大型控制系统。

### 6.通信及联网

PLC通信含PLC间的通信及PLC与其他智能设备间的通信。随着计算机控制的发展,工厂自动化网络发展得很快,各PLC厂商都十分重视PLC的通信功能,纷纷推出各自的网络系统。新近生产的PLC都具有通信接口,通信非常方便。

在制造工业中存在大量的以开关量为主的开环的顺序控制,它按照逻辑条件进行顺序动作号按照时序动作。另外,还有与顺序、时序无关的按照逻辑关系进行连锁保护动作的控制,以及大量的开关量、脉冲量、计时、计数器、模拟量的越限报警等状态量为主的离散量的数据采集监视。由于这些控制和监视的要求,使PLC发展成了取代继电器线路和进行顺序控制为主的产品。PLC厂家在原来CPU模板上逐渐增加了各种通信接口,现场总线技术及以太网技术也同步发展,使PLC的应用范围越来越广泛。PLC具有稳定可靠、价格便宜、功能齐全、应用灵活方便、操作维护方便的优点,这是它能持久地占有市场的根本原因。

PLC控制器本身的硬件采用积木式结构,有母板、数字I/O模板、模拟I/O模板,还有特殊的定位模板、条形码识别模板等模块。用户可以根据需要采用在母板上扩展或者利用总线技术配备远程I/O从站的方法来得到想要的I/O数量。

PLC在进行各种数量的I/O控制的同时,具备输出模拟电压、数字脉冲等信号的能力,因而使得PLC能够控制各种能接收这些信号的设备,诸如伺服电机、步进电机、变频电机等,并能实现与触摸式人机界面信息交互。

## 3.3.2 PLC应用中应该注意的问题

PLC是一种用于工业生产自动化控制的设备,一般不需要采取什么特别措施就可以直接在工业环境中使用。当生产环境过于恶劣,电磁干扰特别强烈,或安装使用不当,就可能造成程序错误或运算错误,需要在使用中加以注意。

### 1.工作环境

(1)温度:PLC要求环境温度为0~55℃,安装时不能放在发热量大的元件下面,四周通风散热的空间应足够大。

(2)湿度:为了保证PLC的绝缘性能,空气的相对湿度应小于85%。

(3)震动:应使PLC远离强烈的震动源,防止振动频率为10~55Hz的频繁或连续振动。

(4)空气:避免有腐蚀和易燃的气体,例如氯化氢、硫化氢等。对于空气中有较多粉尘或腐蚀性气体的环境,可将PLC安装在封闭性较好的控制室或控制柜中。

(5)电源:PLC对于电源线带来的干扰具有一定的抵制能力。在可靠性要求很高或电源干扰特别严重的环境中,可以安装一台带屏蔽层的隔离变压器,以减少设备与地之间的干扰。

**2.控制系统中的干扰及其来源**

现场电磁干扰是PLC控制系统中最常见,也是最易影响系统可靠性的因素之一,因此必须知道现场干扰的源头。PLC系统中干扰的主要来源及途径有以下几种:

(1)强电干扰:PLC系统的正常供电电源均由电网供电。由于电网覆盖范围广,它将受到所有空间电磁干扰而在线路上感应电压。

(2)柜内干扰:控制柜内的高压电器、大的电感性负载、混乱的布线都容易对PLC造成一定程度的干扰。

①来自接地系统混乱时的干扰:接地是提高电子设备电磁兼容性(EMC)的有效手段之一。正确的接地既能抑制电磁干扰的影响,又能抑制设备向外发出干扰。

②来自PLC系统内部的干扰:主要由系统内部元器件及电路间的相互电磁辐射产生,如逻辑电路相互辐射及其对模拟电路的影响,模拟地与逻辑地的相互影响及元器件间的相互不匹配使用等。

(3)变频器干扰:一是变频器启动及运行过程中产生谐波对电网产生传导干扰,引起电网电压畸变,影响电网的供电质量;二是变频器的输出会产生较强的电磁辐射干扰,影响周边设备的正常工作。

主要抗干扰措施有:

(1)电源的合理处理,抑制电网引入的干扰。对于电源引入的电网干扰可以安装一台带屏蔽层的变比为1:1的隔离变压器,以减少设备与地之间的干扰,还可以在电源输入端串接LC滤波电路。

(2)正确选择接地点,完善接地系统。良好的接地是保证PLC可靠工作的重要条件,可以避免偶然发生的电压冲击危害。此外,屏蔽层、接地线和大地有可能构成闭合环路,在变化磁场的作用下,屏蔽层内又会出现感应电流,通过屏蔽层与芯线之间的耦合,干扰信号回路。

(3)安全接地或电源接地。将电源线接地端和柜体连线接地为安全接地。如电源漏电或柜体带电,可从安全接地导入地下,不会对人造成伤害。

### 3.3.3  PLC的选型

在设计可编程逻辑控制器系统时,首先应确定控制方案,再根据工艺过程特点和应用要求进行可编程逻辑控制器的选型。选型时应按照可编程逻辑控制器及相关设备是集成的、标准化的、易与工业控制系统形成整体、易于扩充功能的原则进行,尽可能选用在相关工业领域有运行业绩、成熟可靠的产品,且保证可编程控制器系统的软硬件配置及功能与被控装置的规模和要求相适应。

熟悉可编程控制器、功能表图及编程语言有利于缩短编程时间,在进行工程设计估算时,应详细分析工艺过程的特点、控制要求、明确控制任务和范围、确定所需的操作和动作,然后根据控制要求,估算输入输出点数、所需存储器容量,确定可编程逻辑控制器的功能、外部设备特性等,最后选定性价比高的可编程逻辑控制器,设计相应的控制系统。

I/O点数估算时应留有余量,通常将控制各动作所需的最少I/O点数增加10%~20%的可扩展余量后,作为输入输出点数估算数据。实际订货时,还需根据制造厂商可编程逻辑控制器的产品特点,对输入输出点数进行圆整。

### 1.输入输出(I/O)点数的估算

I/O点数估算时应考虑适当的余量,通常将统计的输入输出点数,再增加10%~20%的可扩展余量后,作为输入输出点数估算数据。实际订货时,还需根据制造厂商可编程逻辑控制器的产品特点,对输入输出点数进行圆整。

### 2.存储器容量的估算

存储器容量是可编程序控制器本身能提供的硬件存储单元大小,程序容量是存储器中用户应用项目使用的存储单元的大小,因此程序容量小于存储器容量。设计阶段,由于用户应用程序还未编制,因此,程序容量在设计阶段是未知的,需在程序调试之后才知道。为了设计选型时能对程序容量有一定估算,通常采用存储器容量的估算来替代。

存储器内存容量的估算没有固定的公式,许多文献资料中给出了不同公式,大体上都是按数字量I/O点数的10~15倍,加上模拟I/O点数的100倍,以此数为内存的总字数(16位为一个字),另外再按此数的25%考虑余量。

### 3.控制器功能的选择

该选择包括运算功能、控制功能、通信功能、编程功能、诊断功能和处理速度等特性的选择。

(1)运算功能。简单可编程逻辑控制器的运算功能包括逻辑运算、计时和计数功能;普通可编程逻辑控制器的运算功能还包括数据移位、比较等运算功能;较复杂运算功能有代数运算、数据传送等;大型可编程逻辑控制器中还有模拟量的PID运算和其他高级运算功能。设计选型时应从实际应用的要求出发,合理选用所需的运算功能。大多数应用场合,只需要逻辑运算和计时计数功能,有些应用需要数据传送和比较,当用于模拟量检测和控制时,才使用代数运算、数值转换和PID运算等。要显示数据时需要译码和编码等运算。

(2)控制功能。控制功能包括PID控制运算、前馈补偿控制运算、比值控制运算等,应根据控制要求确定。可编程逻辑控制器主要用于顺序逻辑控制,因此,大多数场合常采用单回路或多回路控制器解决模拟量的控制,有时也采用专用的智能输入输出单元完成所需的控制功能,提高可编程逻辑控制器的处理速度和节省存储器容量。例如采用PID控制单元、高速计数器、带速度补偿的模拟单元、ASC码转换单元等。

(3)通信功能。大中型可编程逻辑控制器系统应支持多种现场总线和标准通信协议(如TCP/IP),需要时应能与工厂管理网(TCP/IP)相连接。通信协议应符合ISO/

IEEE通信标准,应是开放的通信网络。

可编程逻辑控制器系统的通信接口应包括串行和并行通信接口、RIO通信口、常用DCS接口等;大中型可编程逻辑控制器通信总线(含接口设备和电缆)应按1:1冗余配置,通信总线应符合国际标准,通信距离应满足装置实际要求。

可编程逻辑控制器系统的通信网络中,上级的网络通信速率应大于1Mbps,通信负荷不大于60%。可编程逻辑控制器系统的通信网络主要形式有下列几种:

①PC为主站,多台同型号可编程逻辑控制器为从站,组成简易可编程逻辑控制器网络;

②1台可编程逻辑控制器为主站,其他同型号可编程逻辑控制器为从站,构成主从式可编程逻辑控制器网络;

③可编程逻辑控制器网络通过特定网络接口连接到大型DCS中作为DCS的子网;

④专用可编程逻辑控制器网络(各厂商的专用可编程逻辑控制器通信网络)。

为减轻CPU通信任务,根据网络组成的实际需要,应选择具有不同通信功能的(如点对点、现场总线)通信处理器。

(4)编程功能。有离线编程和在线编程两种方式:

①离线编程方式:可编程逻辑控制器和编程器共用一个CPU,编程器在编程模式时,CPU只为编程器提供服务,不对现场设备进行控制。完成编程后,编程器切换到运行模式,CPU对现场设备进行控制,不能进行编程。离线编程方式可降低系统成本,但使用和调试不方便。

②在线编程方式:CPU和编程器有各自的CPU,主机CPU负责现场控制,并在一个扫描周期内与编程器进行数据交换,编程器把在线编制的程序或数据发送到主机,下一扫描周期,主机就根据新收到的程序运行。这种方式成本较高,但系统调试和操作方便,在大中型可编程逻辑控制器中常被采用。

五种标准化编程语言:顺序功能图(SFC)、梯形图(LD)、功能模块图(FBD)三种图形化语言和语句表(IL)、结构文本(ST)两种文本语言。选用的编程语言应遵守其标准(IEC6113123)。同时,还应支持多种语言编程形式,如C、Basic等,以满足特殊控制场合的控制需求。

(5)诊断功能。可编程逻辑控制器的诊断功能包括硬件和软件的诊断。

①硬件诊断通过硬件的逻辑判断确定硬件的故障位置。

②软件诊断分内诊断和外诊断。通过软件对PLC内部的性能和功能进行诊断是内诊断;通过软件对可编程逻辑控制器的CPU与外部输入输出等部件信息交换功能进行诊断是外诊断。

可编程逻辑控制器的诊断功能的强弱,直接影响对操作和维护人员技术能力的要求,并影响平均维修时间。

(6)处理速度。可编程逻辑控制器采用扫描方式工作。从实时性要求来看,处理速度应越快越好,如果信号持续时间小于扫描时间,则可编程逻辑控制器将扫描不到该信号,造成信号数据的丢失。

处理速度与用户程序的长度、CPU处理速度、软件质量等有关。可编程逻辑控制器接点的响应快、速度高,每条二进制指令执行时间约为$0.2\sim0.4\mu m$,因此能适应控制要求高、相应要求快的应用需要。扫描周期(处理器扫描周期)应满足:小型可编程逻辑控制器的扫描时间不大于0.5ms/K;大中型可编程逻辑控制器的扫描时间不大于0.2ms/K。

### 4.PLC机型选择

PLC产品的种类繁多,PLC的型号不同,对应着其结构形式、性能、容量、指令系统、编程方式、价格等均各不相同,适用的场合也各有侧重。因此,合理选用PLC对于提高PLC控制系统的技术经济指标有着重要意义。

PLC机型选择的基本原则是在满足功能要求及保证可靠、维护方便的前提下,力争最佳的性能价格比。选择时应主要考虑合理的结构型式、安装方式的选择、相应的功能要求、响应速度要求、系统可靠性的要求、机型尽量统一等因素。

(1)合理的结构型式。PLC主要有整体式和模块式两种结构型式。

①整体式PLC的每一个I/O点的平均价格比模块式的便宜,且体积相对较小,一般用于系统工艺过程较为固定的小型控制系统中。

②模块式PLC的功能扩展灵活方便,在I/O点数、输入点数与输出点数的比例、I/O模块的种类等方面选择余地大,且维修方便,一般用于较复杂的控制系统。

(2)安装方式的选择。PLC系统的安装方式分为集中式、远程I/O式以及多台PLC联网的分布式。

①集中式不需要设置驱动远程I/O硬件,系统反应快、成本低。

②远程I/O式适用于大型系统,系统的装置分布范围很广,远程I/O可以分散安装在现场装置附近,连线短,但需要增设驱动器和远程I/O电源。

③多台PLC联网的分布式适用于多台设备既要分别独立控制,又要相互联系的场合,可以选用小型PLC,但必须要附加通信模块。

(3)相应的功能要求。一般小型(低档)PLC具有逻辑运算、定时、计数等功能,对于只需要开关量控制的设备都可满足。对于以开关量控制为主,带少量模拟量控制的系统,可选用带A/D和D/A转换单元,具有加减算术运算、数据传送功能的增强型低档PLC。对于控制较复杂,要求实现PID运算、闭环控制、通信联网等功能,可视控制规模大小及复杂程度,选用中档或高档PLC。但是中、高档PLC价格较贵,一般用于大规模过程控制和集散控制系统等场合。

(4)响应速度要求。PLC是为工业自动化设计的通用控制器,不同档次PLC的响应速度一般都能满足其应用范围内的需要。如果要跨范围使用PLC,或者对某些功能或信号有特殊的速度要求时,则应该慎重考虑PLC的响应速度,可选用具有高速I/O处理功能的PLC,或选用具有快速响应模块和中断输入模块的PLC等。

(5)系统可靠性的要求。对于一般系统PLC的可靠性均能满足。对可靠性要求很高的系统,应考虑是否采用冗余系统或热备用系统。

(6)机型尽量统一。一个企业内部应尽量做到PLC的机型统一。做到机型统一,其模块可以互为备用,便于备品备件的采购和管理;PLC的功能和使用方法类似,有利于技术力量的培训和技术水平的提高;其外部设备通用,资源可共享,易于联网通信,易于形成一个多级分布式控制系统。

# 3.4　PLC在工业机器人领域的应用

## 3.4.1　在搬运机器人控制系统中的应用

### 1.搬运机器人的控制系统

简单的搬运机器人一般采用可编程序控制器作为主控计算机,PLC通过读写指令进行单元之间的信息相互交换。控制系统在工作时会收到来自PLC的指令,并与交流伺服系统相连接,实现位置与速度的反馈。控制面板上一般设有按钮用于模式设置,可使机器人处于不同的工作状态。在控制面板上安装有显示屏,实时显示机器人工作位置以及机器人的状态信息,同时在出现故障时起到报警器的作用。位置控制单元大约10ms执行一次将数据写入通用RAM的操作,写入操作时间大概需要1ms。为了验证对每一段程序进行扫描时所得到的数据的准确性,可以采用"块程序"结构来解决。

### 2.搬运机器人控制系统软件构成

PLC在每个扫描的环节都需要对自身的安全进行检查,避免发生事故,从一定程度上提高了软件自身的可靠性。为了进一步提高其工作效率与速度,通常将机器人PLC控制软件划分为四个功能相对独立的模块,在各自独立作用的同时,加强整个软件设置之间的相互联系作用。

(1)复位模块。因为简单的搬运机器人的位置反馈元件为增量式编码器,因此,每次开机或者重复使用时,都需要进行复位操作,以确保原点的准确性。复位操作有慢速复位和快速复位两种。

①慢速复位是机器人运行的第一次的复位,需要在开机上电之后进行。慢速复位时,各运动轴之间不存在联系,需要单独并按照一定的顺序进行,主要用于机器人的调试。

②快速复位是指机器人在运行过程中出现了某位意外,需要机器人重新确定位置的操作,此时各运动轴之间的关联信息还保留在RAM中,不需要各轴单独复位,速

度较快。

（2）示教模块。示教模块是机器人的重要组成部分，示教模块详细记录机器人的动作信息，其功能是用来实时储存当前步骤的示教信息。在示教器上按下写入键时，示教区内所存储的相关信息和数据即被送到DM区内。如果需要长期保留用户作业的信息以及数据，则将其直接纳入FM区。

示教器上设置有一系列运动键，在按下这些按键时，暂存区会根据运动指令进行一系列自动更新操作。功能键和数字键一般用于数据信息的插入和删除。

（3）运行模块。运行模块根据用户的信息进行单步运行或自动运行。单步运行的作业准确性高，而自动运行模式只需要按下工作按钮，机器人自动完成循环作业工作。在单次循环结束后，遇到设定的传感器等标志物，机器人就会停止工作并迅速返回到工作原点。

（4）程序生成模块。机器人的动作指令有三个层次：

①增益、起点补偿、编码器种类、起点搜索方向、各部分速度变化、各部分时间差、各部分停留时间等基本参数处于最内层，这些参数保留有系统缺省值，部分初始化参数存入控制单元。

②位置动作相关的数据为中间层，位置运动所产生的数据取决于运动规划，其种类很多，具有各自的工作特点，相互之间也存在一定的联系，是机器人顺利工作必不可少的组成部分。

③运动命令处于最外层，在按下机器人相应的启动键时，产生一个对应的命令。

### 3.4.2　PLC对焊接机器人的控制

PLC只有在获取足够的机器人工作状态信息的基础上，才能根据焊接的工作循环对机器人发出相应的控制指令，实现对焊接机器人的控制。可以通过基本控制指令，以及自定义控制指令，实现对焊接机器人的控制。

PLC对焊接机器人的控制

#### 1.使用基本指令进行控制

在机器人控制系统中，提供了运行、示教等焊接工作模式设置功能，机器人伺服系统的开启、停止、重启、继续和回零等输入控制端口。通过这些控制端口，PLC可以对焊接机器人进行上述动作的控制。

同时，机器人控制系统也提供了焊接机器人所处的运行模式，伺服系统的启动、停止，机器人就绪、报警和急停等状态输出端口；通过读取这些端口的状态，PLC就能获知机器人的焊接基本状态。这些控制状态信息称为基本指令和基本状态信息，将PLC的输出端口与基本控制指令端口相连接，输入端口与基本状态端口相连接，PLC就可以实现对焊接机器人的模式选择、伺服系统的启动和停止等基本控制，获取机器人就绪、停止和报警等基本状态信息。如图3-5所示。

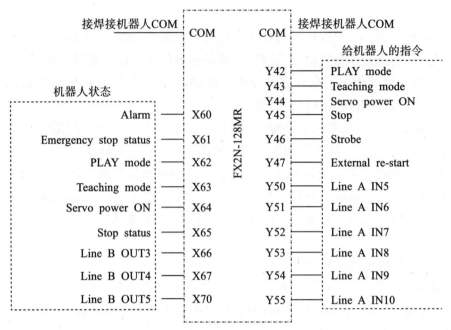

图3-5　PLC与机器人控制系统的连接

### 2.使用自定义指令进行控制

在机器人自动焊接系统中,仅通过基本控制指令和基本状态信息是不能满足自动焊接过程的控制要求的。例如,PLC要命令焊接机器人进行指定规格工件的焊接,进行工件1或工件2焊接的选择等,并将相应的焊接状态在操作终端中显示出来。为了实现这样的控制指令,就需要利用机器人控制系统中的"工作选择"端口进行不同"工作"的定义。每个"工作"代表一个自定义的控制指令。通过"工作选择"端口的输入端子的不同组合,可以定义不同的"工作"号,不同的"工作"号对应不同的控制指令。如利用"工作选择"的LineA IN5~IN7的信号组合来表示不同的"工作",每个"工作"对应不同的工位及工件规格的焊接指令。

当IN5及IN7为ON时,表示要进行左工位第3种工件规格的焊接,如表3-1所示。其他的输入端子(IN8~IN10)用来定义一些辅助的指令,如"移到换丝位置"控制指令等。

表3-1　工作的定义

| 工位 | 规格 | 工作号 | IN5 | IN6 | IN7 |
|---|---|---|---|---|---|
| 左工位 | 1 | 1 | ○ | | |
| | 2 | 2 | ○ | ○ | |
| | 3 | 3 | ○ | | ○ |
| 右工位 | 1 | 4 | | ○ | |
| | 2 | 5 | | | ○ |
| | 3 | 6 | | ○ | ○ |

焊接机器人一般采用示教方式对焊缝轨迹进行编程,在示教模式下,通过手动使焊枪沿着焊缝移动,将不同规格的工件的焊缝轨迹保存好。当PLC对"工作选择"端口输出不同的组合时,就表示选择了不同的"工作"号。在焊接时,机器人控制系统就会调出对应焊缝程序对工件进行焊接。

同理,可以利用"工作选择"Line B的输出口来定义自己的状态信息。如利用Line B的OUT3~OUT5的组合来定义"正在焊接""焊接完成""正在焊接工件1"及"正在焊接工件2"等状态信息。Line B的输出口与PLC的输入口连接,PLC通过这些输入信号的状态,就可判别这些自定义的状态,再送到操作终端显示出来。

### 3.控制信号的时序和PLC编程实现

PLC要正确地向机器人控制系统发出控制指令,必须满足其时序要求。伺服开、停止、重启和回零等基本控制指令等信号的时序如图3-6(a)所示,信号保持时间应在0.2s以上。形成"工作选择"信号(IN5~IN7)的组合,至少需要稳定0.2s之后,再发出握手(STROBE)信号,STROBE信号至少应保持0.2s以上,在STROBE结束后,IN5~IN7信号还要继续保持不少于0.2s,如图3-6(b)所示。

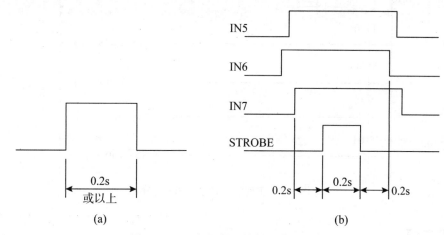

图3-6 PLC与机器人控制系统的连接

实现这些信号的PLC程序如图3-7所示。用PLC中的辅助继电器M51~M56代表工作代号JOB1~JOB6,输出端口Y50~Y52与LineA上的IN5~IN7连接,端口Y46用于产生STROBE信号。当PLC需要向机器人发出焊接指令时,M13置为ON,根据工作代号输出Y50~Y52(IN5~IN7)信号组合。时间继电器T110延时0.3s后,用脉冲指令PLS使M446发出脉冲;置握手信号STROBE(Y46)为ON,经时间继电器M104延时0.3s后断开STROBE信号。

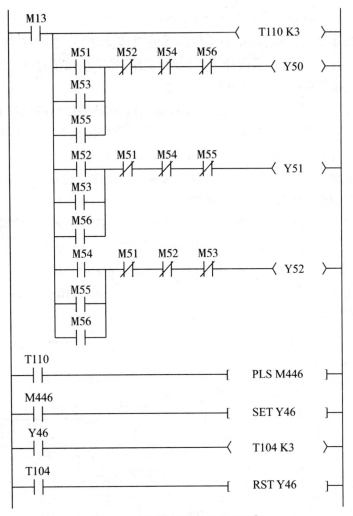

图3-7 实现信号时序的PLC程序

## 思考题

1. 什么是PLC？阐述其工作原理。

2. 简述西门子PLC的结构与功能特点。

3. 简述三菱PLC的结构与功能特点。

4. 机器人控制用PLC主要应具备哪几项功能？

5. 简述PLC选型计算的基本过程。

6. PLC是如何实现与机器人的通信的？主要有哪几种通信方式？

7. 简述PLC控制焊接机器人的实现过程。

# 集成技术篇

JICHENG JISHU PIAN

## 学习要求

**知识目标**

·掌握焊接结构的工艺性分析方法；

·了解焊接工序与焊接轨迹对焊接质量的影响；

·掌握工业机器人焊接系统的轨迹规划设计方法。

**能力目标**

·能够根据焊接要求完成焊接工艺分析；

·能够完成焊接工业机器人系统的相关设置。

# 4.1　焊接结构的工艺性分析

## 4.1.1　概　述

焊接是通过加热、加压或两者并用，通过填充或不填充材料，使工件产生原子间结合的一种连接工艺方法。主要用于制造锅炉、压力容器、管道、船舶、车辆、桥梁、飞机、火箭、起重机、海洋结构、冶金和石油化工设备等金属结构，也用来制造机器零件、部件和工具。焊接几乎在所有工业部门都得到广泛应用，一些发达国家每年生产的焊接结构已占钢产量的60%以上，具有以下优点：

(1)连接性能好。焊缝具有良好的力学性能，能耐高温、高压、耐低温，具有良好的密封性、导电性、耐蚀性和耐磨性等。

(2)省料、省工、成本低。采用焊接方法制造金属结构，一般比铆接节省金属材料10%~20%。

(3)重量轻。采用焊接方法制造船舶、车辆、飞机、飞船、火箭等运载工具，可以减轻自重，提高运载能力。

(4)简化工艺。采用焊接方法制造重型、复杂设备及其零部件，可以简化铸造、锻造和切削加工工艺。

评价焊接工艺先进性的主要因素有熔敷速度、生产周期、过程控制水平、返修率、接头准备时间、焊工的有害工作区域、焊缝尺寸、焊后操作、潜在的安全风险和设备设置的复杂程度等。为了促进高效材料和设备的开发,以及自动化技术的应用,研究熔化极弧焊新工艺、增加自动化技术应用范围、使用焊接新方法和先进材料制造集成技术将是先进焊接技术的主要发展方向。

### 4.1.2　金属的焊接性

焊接性是指材料对焊接加工的适应性,即在一定焊接工艺条件下,获得优质焊接接头的难易程度。焊接性是焊接结构设计、确定焊接方法、制定焊接工艺的重要依据,影响金属焊接性的因素主要有工件本身的化学成分与性质、焊接方法、焊接材料(焊条、焊剂等)和工艺参数。

焊接性评定主要有模拟、实焊和理论计算三种方法。碳当量法是常用的预测焊接时产生裂纹和硬化的可能性的理论方法。根据合金元素对材料淬硬性的影响程度,碳及其他合金元素含量越多,淬硬、冷裂的可能性越大。将碳及合金元素均折算成碳的相当含量,其总和称为碳当量 $C_E$。

碳当量越高,焊接性越差。当 $C_E<0.4\%$ 时,淬硬冷裂不明显,焊接性优良,一般不预热。当 $0.4\%\leqslant C_E\leqslant 0.6\%$ 时,淬硬冷裂渐增,焊接性较差,需要适当预热,采取一定的焊接工艺措施。当 $C_E>0.6\%$ 时,淬硬冷裂倾向增大,焊接性很差,需预热到较高温度,采取严格的工艺措施,并进行焊后热处理。

低碳钢的含碳量 $<0.25\%$,焊接性最好。可采用任何焊接方法,常用焊条电弧焊、埋弧焊、气体保护焊和电阻焊。可采用最普通焊接工艺,重要结构焊后去应力退火。

中碳钢的含碳量为 $0.25\%\sim0.60\%$,焊接性较差,容易产生裂纹,常用碱性焊条电弧焊,需在焊前预热(150~250℃),焊后缓冷,并进行消除应力的退火处理。

高碳钢的含碳量 $>0.60\%$,焊接性很差,裂纹倾向很大,仅适用于焊条电弧焊或气焊的补焊。焊前预热(250~350℃),严格控制焊接工艺,焊后缓冷,并进行消除应力的退火处理。

低合金结构钢材料强度 $\leqslant400MPa$ 时,焊接性良好,与低碳钢基本相同。强度 $\geqslant450MPa$ 时,焊接性较差和中碳钢基本相同。常用碱性焊条电弧焊和碱性焊剂埋弧焊,以及气体保护焊,也可采用电渣焊。

不锈钢分为奥氏体不锈钢、铁素体不锈钢和马氏体不锈钢。奥氏体不锈钢,如常用的1Cr18Ni9、1Cr18Ni9Ti、0Cr18Ni9等,焊接性最好,一般不需特殊工艺措施。常采用焊条电弧焊和氩弧焊,也可用埋弧焊、等离子弧焊等,按等成分原则用不锈钢焊条(丝),焊后热处理。

铸铁的含碳量高,杂质多,塑性低,焊接性很差,不用于制造焊接结构件,只是对铸件局部损坏和铸造缺陷处进行焊补修复。

铜合金的焊接性较差,紫铜和青铜用氩弧焊,微氧化焰气焊用于黄铜,还可采用焊条电弧焊、埋弧焊、等离子弧焊、钎焊等,但不宜用电阻焊。

铝合金的焊接主要是工业纯铝和防锈铝合金,焊接性较差,最常用氩弧焊,其次是电阻焊,气焊用于质量要求不高的薄件。

钛合金化学活性大、热物理性能特殊、接头冷裂纹倾向大以及易产生氢气孔,属于难焊接金属。主要采用钨极氩弧焊,但焊前要机械清理,酸洗并用清水洗净。

### 4.1.3　焊缝坡口的基本形式与尺寸

坡口是根据设计或工艺需要,在焊件的待焊部位加工出来的具有一定几何形状的沟槽,其目的是得到在焊件厚度上全部焊透的焊缝。

#### 1.坡口形式

坡口的形式按《气焊、手工电弧焊及气体保护焊焊缝坡口的基本形式与尺寸》GB 985—88标准、《埋弧焊焊缝坡口的基本形式及尺寸》GB 986—88标准,可以分成I形(不开坡口)、V形、Y形、双Y形、U形、双U形、单边V形、双单边Y形、J形等各种坡口形式,如图4-1所示。

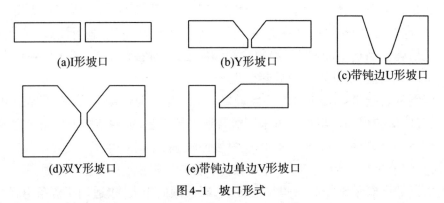

(a)I形坡口　　　　　(b)Y形坡口　　　　　(c)带钝边U形坡口

(d)双Y形坡口　　　(e)带钝边单边V形坡口

图4-1　坡口形式

V形和Y形坡口的加工方便,不必翻转焊件就可以完成焊接,但焊后容易产生角变形。双Y形坡口是在V形坡口的基础上发展而来,当焊件厚度增大时,采用双Y形代替V形坡口,在同样厚度下,可减少焊缝金属量约1/2,并且可进行对称焊接,焊后的残余变形较小。但焊接过程中要翻转焊件,如在筒形焊件的内部施焊,使劳动条件变差。U形坡口的填充金属量在焊件厚度相同的条件下比V形坡口小得多,但这种坡口的加工较复杂。

采用焊条电弧焊焊接6mm以上厚钢板的对接接头时,需要开坡口。Y、U形坡口单面焊,易施焊,但角变形大;双Y、双U形坡口两面焊,变形小,应尽量选用,但须两面可施焊;U、双U形坡口根部宽,易焊透,成本高,用于重要厚板结构。

埋弧焊厚度＞24mm时开V、X形坡口;为保证质量,焊件两侧板厚应尽量相近,厚度差超过规定值时,应作过渡形式。

**2.焊接接头和坡口选择**

(1)对接接头。两工件端面相对平行的接头称为对接接头。这种接头能承受较大的载荷,是焊接结构中最常用的一种接头型式,接头上应力分布比较均匀,容易保证焊接质量,但对焊前准备和装配质量要求相对较高。

对接接头可以采用I形、Y形、双Y形、U形和双U形坡口组合,如图4-2所示。

图4-2 对接接头与坡口形式

(2)角接接头。角接接头是两工件端面之间构成30°~135°夹角的接头。这种接头便于组装、能获得美观的外形,但焊缝的承载能力不高,所以通常只起连接作用,不能用来传递工作载荷,一般多用于箱形等构件中不重要的焊接结构中。如图4-3所示。

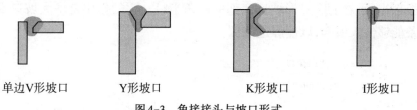

图4-3 角接接头与坡口形式

(3)搭接接头。两工件重叠放置或两工件表面之间的夹角不大于30°构成的端部接头称为搭接接头。搭接接头便于组装,常用于对焊前准备和装配要求简单的结构,但焊缝受剪切力作用,应力分布不均,承载能力较低,且结构重量大,在结构设计中应尽量避免采用搭接接头。如图4-4所示。

塞焊

图4-4 搭接接头与坡口形式

(4)T形接头。一个工件的端面与另一工件的表面构成直角或近似直角的接头,称为T形接头。这种接头承受动载荷的能力较强,在船体结构中约有70%的焊缝都采用T形接头,也常应用于机床焊接的结构中。如图4-5所示。

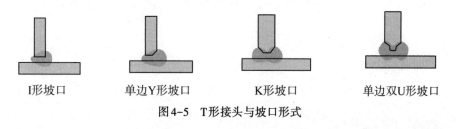

图4-5 T形接头与坡口形式

### 3.坡口的几何尺寸

坡口的几何尺寸如图4-6所示。

(1)坡口面:待焊件上的坡口表面。

(2)坡口面角度:待加工坡口的端面与坡口面之间的夹角。

(3)坡口角度:两坡口面之间的夹角。开单面坡口时,坡口角度等于坡口面角度;开双面对称坡口时,坡口角度等于两倍的坡口面角度。坡口角度(坡口面角度)应保证焊条能自由伸入坡口内部,不和两侧坡口面相碰,但角度太大将会消耗太多的填充材料,并降低劳动生产率。

(4)根部间隙:焊前在接头根部之间预留的空隙,根部间隙又叫装配间隙,用于焊接底层焊道时,能保证根部可以焊透。根部间隙太小时,将在根部产生焊不透现象;但太大的根部间隙,又会使根部烧穿,形成焊瘤。

(5)钝边:焊件开坡口时,沿焊件接头坡口根部的端面直边部分,用于防止根部烧穿。但钝边值不能太大,否则容易使根部焊不透。

(6)根部半径:在J形、U形坡口底部的圆角半径。它的作用是增大坡口根部的空间,使焊条能够伸入根部,以便焊透根部。

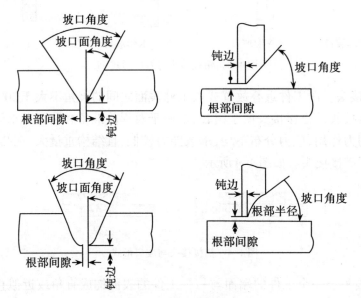

图4-6 坡口几何尺寸

# 4.2 焊接工序及轨迹规划

焊接顺序与轨迹规划

## 4.2.1 产品结构图样分析

制造焊接结构的图样主要有新产品的设计图样、继承性设计图样和按实物测绘的图样等,这些图样工艺性的完善程度不同,工艺分析的侧重点也有所区别。生产前,无论哪种图样都要进行仔细分析,只有图样审查合格后,才能在生产准备和制造过程使用。

结构图样工艺性分析的依据是相关的国家标准、制造法规、企业的产品焊接技术条件和焊接专业标准。产品图样的焊接工艺性分析的主要内容有:

(1)焊接结构选材的合理性和正确性;

(2)异种钢接头用材在焊接工艺、热处理制度和力学性能方面的匹配性;

(3)接头位置的可见度、可达性和可检查性(包括无损检测);

(4)焊接坡口的标准化,特别是新设计接头形式和坡口形状及尺寸的工艺性、经济性和合理性;

(5)焊接材料选配的正确性;

(6)接头力学性能合格指标要求的确切性和合理性。

另外,绘制的焊接结构图样应符合机械制图国家标准的有关规定,除焊接结构的装配图外,还应有必要的部件图和零件图。图样上的尺寸标注必须做到正确、完整、清晰、合理。根据产品的使用性能和制作工艺需要,在图样上应有齐全合理的技术要求。当图样上不能用图形、符号表示时,应在技术要求中用文字加以说明。

## 4.2.2 产品结构技术要求分析

为了满足焊接结构的技术要求。首先,要分析产品的结构特点,了解焊接结构的工作性质及工作环境,特别在图样上要注意焊接结构各部分之间的关系,各接头的重要性及其加工要求。然后,必须熟悉、消化理解焊接结构的技术要求以及所执行的技术标准,并结合具体的生产条件来分析考虑整个生产工艺能否适应焊接结构的技术要求,是否存在制造困难等,通过技术要求分析,做到及时发现技术问题,提出合理的修改方案,改进生产工艺,使产品全面达到规定的技术要求。

如图4-7所示为锅炉筒体结构图样技术要求示意图,其技术要求如下:

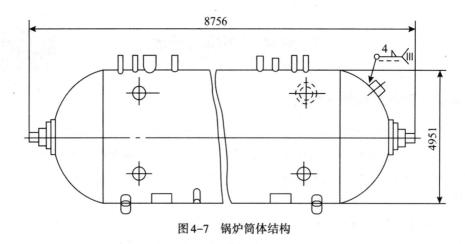

图4-7　锅炉筒体结构

（1）使用焊条电弧焊时，要注明焊条的牌号；使用埋弧焊时，要注明焊丝及焊剂的牌号。

（2）焊接结构制造所执行的技术条件应在技术要求中写明。如××容器按《钢制焊接常压容器》JB 2880-1998标准制造和验收。

（3）当焊接结构装焊完毕要进行压力实验时，应注明实验介质、温度、压力和时间等。如锅炉装焊完毕按《锅炉水压实验技术条件》JB/T 1621-1994标准进行水压实验，实验压力为××MPa。

（4）产品出厂前若需涂漆，应在技术要求中注明所涂底漆及面漆的层数和颜色。

（5）焊缝一般用焊缝代号来标注。若整个结构的焊缝要求相同，可在技术要求中说明。

### 4.2.3　焊缝布置

（1）焊接分散布置，避免密集和交叉，如图4-8所示。

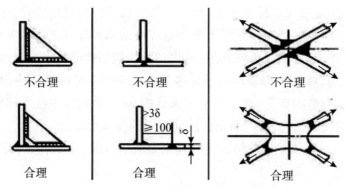

图4-8　焊缝分散布置设计

(2)焊缝对称设计,利于应力平衡,如图4-9所示。

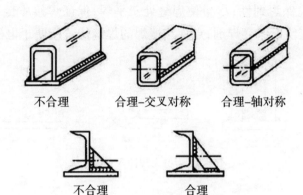

不合理　　　合理-交叉对称　　　合理-轴对称

不合理　　　　　　合理

图4-9　焊缝对称布置设计

(3)焊缝远离加工面设计,避免焊接变形影响,如图4-10所示。

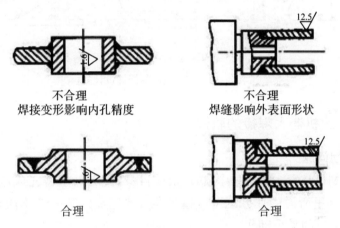

不合理　　　　　　　　　不合理
焊接变形影响内孔精度　　焊缝影响外表面形状

合理　　　　　　　　　　合理

图4-10　焊缝远离加工面设计

(4)焊缝应避开最大应力和应力集中部位,如图4-11所示。

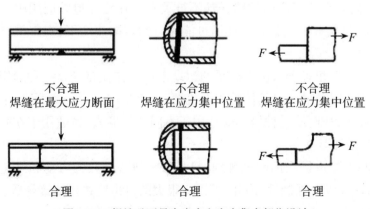

不合理　　　　　　不合理　　　　　　不合理
焊缝在最大应力断面　焊缝在应力集中位置　焊缝在应力集中位置

合理　　　　　　　合理　　　　　　　合理

图4-11　焊缝避开最大应力和应力集中部位设计

(5)焊缝位置应便于施焊,如图4-12所示。

焊缝位置应确保焊到性;尽量使焊缝处于平焊,保证焊接质量和提高生产率;埋弧自动焊缝位置应便于保存焊剂;点焊和缝焊的焊缝位置应便于电极伸入。

不合理–焊枪无法伸入到焊接位置

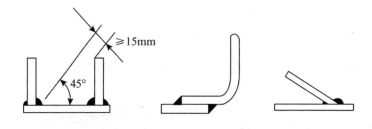

合理–可以保证焊到性

图4-12　利于施焊的焊缝设计

### 4.2.4　工业机器人焊接的轨迹规划

**1.轨迹规划问题**

机器人规划(Planning),是指机器人根据自身的任务,求得完成这一任务的解决方案的过程。这里所说的任务既可以指机器人要完成的某一具体任务,也可以是机器人的手部或关节的某个动作。

工业机器人广泛地被用在各种行业应用中来实现快速、精确和高质量的生产任务。在抓取和放置操作,工业机器人的法兰盘工具必须在工作空间中两个特定的位置之间移动,而它在两者之间的路径却不被关心。在路径追踪应用中,比如焊接、切削、喷涂等,法兰盘末端工具必须在尽可能保持额定的速度下,在三维空间中遵循特定的轨迹运动。

用工具坐标系相对于工件坐标系的运动来描述作业路径是一种通用的作业描述方法。它把作业路径描述与具体的工业机器人、手爪或工具分离开来,形成了模型化的作业描述方法,从而使这种描述既适用于不同的机器人,也适用于在同一机器人上装载不同规格的工具。

关节空间中拾取操作的轨迹规划,只是限定轨迹函数的启动和终止两个极限位置,对于函数曲线没有强制性,因此,可以有很大的自由度选择轨迹函数。

为了实现每一个动作,需要对手部的运动轨迹进行必要的规定,这是手部轨迹规划(Hand trajectory planning)。为了使手部实现预定的运动,就要知道各关节的运动规律,这是关节轨迹规划(Joint trajectory planning)。最后才是关节的运动控制(Motion control)。

**2.轨迹规划性能指标**

在进行轨迹规划时,运动学的要求是工业机器人工作考虑的首要因素,同时还要综合考虑工业机器人的工作转速、质量以及载荷的大小等多种因素。

(1)最大速度:机器人运动的速度。

(2)最大加速度:机器人运动加速度最大值的大小,是影响机器人动力特性的主要因素。

(3)最大冲击:机器人冲击最大值的大小对机器人系统的动力特性有很大的影响,会直接影响机器人系统的残余振动,影响机器人的动力学特性。

(4)轨迹规划曲线的高阶导数:加速度曲线能不能连续决定了轨迹规划曲线能否接受刚性和柔性的冲击、加速度的导数曲线(冲击曲线)是否连续。若不连续,则冲击曲线改变值的多少对机器人动力特性有很大的影响。

**3.工业机器人的轨迹规划过程**

机器人的规划是分层次的,从高层的任务规划、动作规划到手部轨迹规划和关节轨迹规划,最后才是底层的控制。对有些机器人来说,力的大小也是要控制的,除了手部或关节的轨迹规划,还要进行手部和关节输出力的规划。

对工业机器人来说,高层的任务规划和动作规划一般是依赖于人来完成,一般的工业机器人不具备力的反馈,通常只具有轨迹规划的和底层的控制功能。

轨迹规划的目的是将操作人员输入的简单的任务描述变为详细的运动轨迹描述,这里所说的轨迹是指随时间变化的位置、速度和加速度。对一般的工业机器人来说,操作人员只能输入机械手末端的目标位置和方位,而规划的任务就是要确定能够达到目标的关节轨迹的形状、运动的时间和速度等。机器人的工作过程,就是通过规划将要求的任务变为期望的运动和力,由控制环节根据期望的运动和力的信号,产生相应的控制作用,以使机器人输出实际的运动和力,从而完成期望的任务,如图4-13所示。

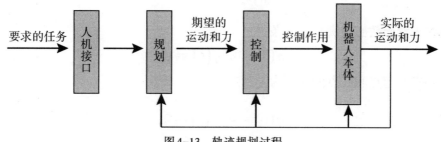

图4-13 轨迹规划过程

机器人实际运动的情况通常还要反馈给规划级和控制级,以便对规划和控制的结果做出适当的修正。要求的任务由操作人员输入给机器人,为了使机器人操作方便、使用简单,必须允许操作人员给出尽量简单的描述。期望的运动和力是进行机器人控制所必需的输入量,它们是机械手末端在每一个时刻的位姿和速度,对于绝大多数情况,还要求给出每一时刻期望的关节位移和速度,有些控制方法还要求给出期望的加速度等。

### 4. 关节空间轨迹规划

关节空间轨迹规划需要先将在工具空间中期望的路径点,通过逆运动学计算,得到期望的关节位置。然后,在关节空间内给每个关节找到一个经过中间点到达目的终点的光滑函数,使得每个关节到达中间点和终点的时间相同,这样便可保证机械手工具能够到达期望的直角坐标位置。这里只要求各个关节在路径点之间的时间相同,而各个关节的光滑函数的确定则是互相独立的。

(1)三次多项式函数插值。主要用于解决机械手末端在一定时间内从初始位置和方位移动到目标位置和方位的问题。利用逆运动学计算,可以首先求出一组起始和终了的关节位置,然后求出一组通过起点和终点的光滑函数。满足这个条件的光滑函数可以有许多条,如图4-14所示。

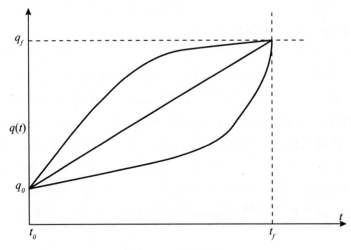

图4-14 光滑函数

这些光滑函数必须满足以下条件:

$$q(0) = q, q(t_f) = q_f \tag{4-1}$$

若要求在起点和终点的速度为零,则:

$$q(0) = 0, q(t_f) = 0 \tag{4-2}$$

那么可以选择如下的三次多项式来表达所要求的光滑函数：

$$q(t) = a_0 + a_1t + a_2t^2 + a_3t^3 \qquad (4-3)$$

式(4-3)中有4个待定系数，需要满足式(4-1)和式(4-2)中的4个约束条件，因此可以求出这些系统的唯一解：

$$a_0 = q, \quad a_1 = 0, \quad a_2 = \frac{3}{t_f^2}(q_f - q_0), \quad a_3 = -\frac{2}{t_f^3}(q_f - q_0)$$

(2)抛物线连接的线性函数插值。前面介绍了利用三次多项式函数插值的规划方法，另外一种常用方法是线性函数插值法，即用一条直线将起点与终点连接起来。但是，简单的线性函数插值将使得关节的运动速度在起点和终点处不连续，它也意味着需要产生无穷大的加速度。因此，可以考虑在起点和终点处，用抛物线与直线连接起来，在抛物线段内，使用恒定的加速度来平滑地改变速度，从而使得整个运动轨迹的位置和速度是连续的，如图4-15所示。

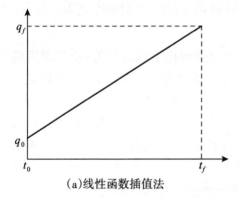
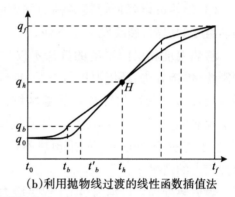

(a)线性函数插值法　　　　(b)利用抛物线过渡的线性函数插值法

图4-15　线性函数插值法

### 5.直角空间轨迹规划

前面介绍了在关节空间内的规划，可以保证运动轨迹经过给定的路径点。但是在直角坐标空间，路径点之间的轨迹形状往往是十分复杂的，它取决于机械手的运动学机构特性。在有些情况下，对机械手末端的轨迹形状也有一定要求，如要求它在两点之间走一条直线，或者沿着一个圆弧运动以绕过障碍物等，这时便需要在直角坐标空间内规划机械手的运动轨迹。

直角坐标空间的路径点，指的是机械手末端的工具坐标相对于基坐标的位置和姿态。每一个点由6个量组成，其中3个量描述位置，另外3个量描述姿态。在直角坐标空间内规划的方法主要有线性函数插值法和圆弧插值法。

# 4.3 焊接前处理和后处理

## 4.3.1 焊前预热及焊后热处理的作用

重要构件的焊接、合金钢的焊接及厚部件的焊接,都要求在焊前必须预热。焊前预热的主要作用如下:

(1)预热能减缓焊后的冷却速度,有利于焊缝金属中扩散氢的逸出,避免产生氢致裂纹。同时也减少焊缝及热影响区的淬硬程度,提高了焊接接头的抗裂性。

(2)预热可降低焊接应力。均匀地局部预热或整体预热,可以减少焊接区域与被焊工件之间的温度差(也称为温度梯度)。一方面可以降低焊接应力,另一方面降低了焊接应变速率,有利于避免产生焊接裂纹。

(3)预热可以降低焊接结构的拘束度,对降低角接接头的拘束度尤为明显,随着预热温度的提高,裂纹发生率下降。

预热温度和层间温度的选择不仅与钢材和焊条的化学成分有关,还与焊接结构的刚性、焊接方法、环境温度等有关,应综合考虑这些因素后确定。另外,预热温度在钢材板厚方向的均匀性和在焊缝区域的均匀性,对降低焊接应力有着重要的影响。局部预热的宽度,应根据被焊工件的拘束度情况而定,一般应为焊缝区周围各三倍壁厚,且不得少于150mm。如果预热不均匀,不但不会减少焊接应力,反而会出现增大焊接应力的情况。

焊后热处理可以消氢、消除焊接应力、改善焊缝组织和综合性能。

焊后消氢处理是指在焊接完成以后,焊缝尚未冷却至100℃以下时,进行的低温热处理。一般规范为加热到200~350℃,保温2~6小时。焊后消氢处理的主要作用是加快焊缝及热影响区中氢的逸出,对于防止低合金钢焊接时产生焊接裂纹的效果极为显著。

在焊接过程中,由于加热和冷却的不均匀性,以及构件本身产生拘束或外加拘束,在焊接工作结束后,在构件中总会产生焊接应力。焊接应力在构件中的存在,会降低焊接接头区的实际承载能力,产生塑性变形,严重时还会导致构件的破坏。

消应力热处理是使焊接后的工件在高温状态下,其屈服强度下降,来达到松弛焊接应力的目的。常用整体高温回火和局部高温回火两种方法。整体高温回火是把焊件整体放入加热炉内缓慢加热到一定温度,然后保温一段时间,最后在空气中或炉内冷却。用这种方法可以消除80%~90%的焊接应力。局部高温回火是只对焊缝及其附近区域进行加热,然后缓慢冷却,降低焊接应力的峰值,使应力分布比较平缓,起到部分消除焊接应力的目的。

有些合金钢材料在焊接以后,其焊接接头会出现淬硬组织,使材料的机械性能变坏。此外,这种淬硬组织在焊接应力及氢的作用下,可能导致接头的破坏。经过热处理以后,接头的金相组织得到改善,提高了焊接接头的塑性、韧性,从而改善了焊接接头的综合机械性能。

### 4.3.2 常见焊接热处理工艺

普通碳钢和低合金钢在焊接完毕后进行热处理,保温缓冷,以减少焊缝中氢的有害影响,降低焊接残余应力。加热范围以焊缝为中心为基准,两侧各不小于焊缝宽度的三倍,且不小于100mm,加热区域以外100mm范围内予以保温。测温采用热电偶,管径Φ300mm以上测温点在加热区域内不少于两点,用自动记录仪记录热处理曲线。

对于壁厚小于15mm的10、20、20+Zn、20G、A105、A106、A106B、16Mn、A234、L245、Q235B钢的升温速度在300℃以上,不超过220℃/h;对于15~25mm壁厚的工件,升温速度不超过200℃/h;对于25mm以上壁厚的工件,升温速度不超过160℃/h。

热处理温度为625℃±25℃,15mm以下工件恒温时间为30分钟;对于15~25mm壁厚的工件,恒温时间为50分钟;对于25mm以上壁厚的工件,恒温时间为65分钟。

300℃以下自然冷却,壁厚小于25mm的工件冷却速度不大于260℃/h;25mm以上壁厚的工件冷却速度不大于200℃/h。

## 4.4 焊接辅助设备的配置

机器人焊接与普通焊条电弧焊相比,除不需要人工操作焊枪完成焊接之外,其他的辅助设备基本相同,主要有电焊面罩和滤光眼镜、敲渣锤、钢丝刷、焊接电缆,以及焊接质量检查用的角向磨光机、电动磨头、测试工具(焊缝检验尺、温度测试笔等)、快速接头和地线夹、变位定位机械等。

### 1.面罩和滤光眼镜

面罩和滤光眼镜是防止焊接飞溅、弧光及高温对焊工面部及颈部灼伤的一种工具。面罩要求选用耐燃或不燃的绝缘材料制成,罩体应遮住焊工的整个面部,结构牢固,不漏光。滤光眼镜按亮度的深浅分为6个型号(7~12号),号数越大,颜色越深。

### 2.焊缝接头尺寸检测器

用以测量坡口的角度、间隙、错边以及余高、焊缝宽度、角焊缝厚度等尺寸,由直尺、探尺和角度规组成。如图4-16所示。其检验示例如图4-17所示。

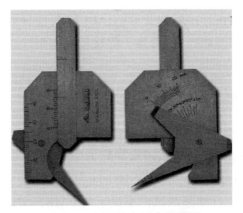

图4-16 焊缝接头尺寸检测器

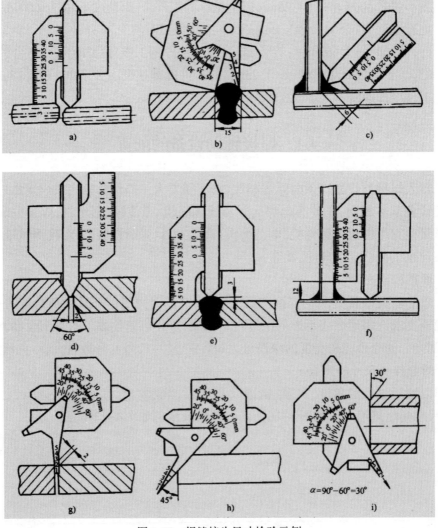

图4-17 焊缝接头尺寸检验示例

### 3. 标准机器人焊接系统的辅助工具

除了手工电弧焊需要配备的辅助工具外，送丝机绝缘支架、防撞传感器、支枪臂、焊接极电缆、清枪机构和保护气表也是机器人焊接系统的标准辅助工具。

## 思考题

1. 简述主要焊接工艺参数。
2. 简述焊缝设计的基本要求。
3. 什么是机器人轨迹规划？常用哪几种方法？
4. 什么是焊接前处理和焊后热处理？
5. 简述常用的低碳钢的热处理参数。

# 第5章 机器人焊接系统设备选型与设计

## 学习要求

### 知识目标

·掌握机器人焊接系统的设备组成及基本要求；

·了解焊接机器人系统的设备特点与选型要点。

### 能力目标

·能够根据焊接要求完成焊接系统的配置方案设计；

·能够完成相应的设备选型计算。

## 5.1 焊接机器人的选型

### 5.1.1 焊接机器人主要技术指标

选择和购买焊接机器人时，全面和确切地了解其性能指标十分重要；使用机器人时，掌握其主要技术指标更是正确使用的前提。各厂家在其机器人产品说明书上所列的技术指标往往比较简单，有些性能指标要根据实用的需要在谈判和考察中深入了解。焊接机器人的主要技术指标可分为机器人的通用技术指标和焊接机器人的专用技术指标两大部分。

**1.机器人通用技术指标**

（1）自由度数。反映机器人灵活性的重要指标。一般来说，3个自由度就可以保证机器人达到工作空间中的任何一点。焊接不仅要达到空间中的确定位置，还要保证焊枪、割具或焊钳的正确空间姿态。因此，对弧焊机器人、切割机器人至少需要5个自由度，点焊机器人则需要6个自由度。

（2）负载。机器人末端能够承受的额定载荷，焊枪及其电缆、割具及气管、焊钳及电缆、冷却水管等都属于负载。弧焊和切割机器人的负载能力一般为6~10kg；使用一体式变压器或一体式焊钳的点焊机器人，其负载能力应为60~90kg；使用分离式焊钳时其负载能力应为40~50kg。

（3）工作空间。机器人未装任何末端执行器情况下的最大可达空间，一般用图形来表示。在装上焊枪或焊钳后,因需要保证焊枪姿态,实际的可焊接空间会比厂家给出的小一层;需要认真地用比例作图法或模型法核算一下,以判断是否满足实际需要。

(4)最大速度。影响生产效率的重要指标。产品说明书给出的最大速度是在各轴联动情况下,机器人手腕末端所能达到的最大线速度。由于焊接要求的速度较低,最大速度只影响焊枪或焊钳的到位、空行程和结束返回时间。

(5)点到点重复精度。机器人最重要的性能指标之一。对点焊机器人而言,从工艺要求出发,其精度应达到焊钳电极直径的。对弧焊机器人,则应小于焊丝直径的 $\frac{1}{2}$,即 0.2~0.4mm。

(6)轨迹重复精度。对弧焊机器人和切割机器人十分重要,因测量比较复杂,各机器人厂家都不给出这项指标。但各机器人厂家内部都做这项测量,应坚持索要其精度数据。对弧焊和切割机器人,其轨迹重复精度应小于焊丝直径或者割具切孔直径的 $\frac{1}{2}$,一般需要达到+0.3~0.5mm 以下。

(7)用户内存容量。机器人控制器内主计算机存储器的容量大小,决定着机器人能存储示教程序的长度,即示教点的最大数量,关系到能加工工件的复杂程度。一般用能存储机器人指令的条数和总字节(Byte)数来表示,也有用最多示教点数来表示。

(8)插补功能。对弧焊、切割和点焊机器人,都应具有直线插补和圆弧插补功能。

(9)语言转换功能。各机器人厂商都有自己的专用语言,但其屏幕显示可由多种语言显示。例如 ASEA 机器人可以选择英、德、法、意、西班牙、瑞士等国语言显示,方便各国工人操作使用,国产机器人可用中文显示。

(10)自诊断功能。机器人应具有对主要元器件、主要功能模块进行自动检查、故障报警、故障部位显示等功能,对保证机器人快速维修和进行保障非常重要。自诊断功能是机器人的重要功能,也是评价机器人完善程度的主要指标之一。世界名牌工业机器人都有 30~50 个自诊断功能项,用指定代码和指示灯方式向使用者显示其诊断结果及报警。

(11)自保护及安全保障功能。机器人有自保护及安全保障功能。主要有驱动系统过热自断电保护、动作超限位自断电保护、超速自断电保护等,起到防止机器人伤人及损伤周边设备的作用。如在机器人的工作部位安装各类触觉触或接近觉传感器,可使机器人自动停止工作。

**2.焊接机器人专用技术指标**

(1)抗干扰功能。对弧焊机器人尤为重要,反映了机器人控制和驱动系统抗干扰的能力。一般弧焊机器人只采用熔化极气体保护焊方法,这些焊接方法不需采用高频引弧起焊,机器人控制和驱动系统没有特殊的抗干扰措施。适用于钨极氩弧焊的弧焊机器人有一套特殊的抗干扰措施,在选用机器人时要加以注意。

(2)摆动功能。对弧焊机器人甚为重要,关系到弧焊机器人的工艺性能。现在弧焊机器人的摆动功能差别很大,有的机器人只有固定的几种摆动方式,有的机器人只能在X-Y平面内任意设定摆动方式和参数,最佳的选择是能在空间(X-Y-Z)范围内任意设定摆动方式和参数。

(3)焊接尖端点示教功能。这是在焊接示教时十分有用的功能,即在焊接示教时,先示教焊缝上某一点的位置,然后调整其焊枪或焊钳姿态,在调整姿态时,原示教点的位置完全不变。实际是机器人能自动补偿由于调整姿态所引起的尖端点位置的变化,确保尖端点坐标,以方便示教操作者。

(4)焊接工艺故障自检和自处理功能。指常见的弧焊的粘丝、断丝、点焊的粘电极等焊接工艺故障发生后,机器人必须具有检出这类故障并实时自动停车报警的功能,以便及时采取措施,防止发生损坏机器人或报废工件等重大事故。

(5)引弧和收弧功能。为确保焊接质量,需要改变参数。在机器人焊接中,在示教时应能设定和修改,这是弧焊机器人必不可少的功能。

### 5.1.2　弧焊机器人的选择依据

#### 1.焊接任务及工艺要求

选择弧焊机器人时,应根据焊接产品形状和大小来选择机器人的工作范围,一般保证一次将产品上的所有焊点都焊到为准;其次应考虑效率和成本来选择机器人的轴数和速度以及负载能力。

在其他情况同等的情况下,应优先选择具备内置弧焊程序的工业机器人,便于程序的编制和调试;应优先选择能够在上臂内置焊枪电缆,底部可以内置焊接地线电缆、保护气气管的工业机器人,这样在减少电缆活动空间的同时,也延长了电缆的寿命。

#### 2.焊接机器人标准弧焊功能

(1)再引弧功能。如工件"引弧点"处有铁锈、油污、氧化皮等杂物时,会导致引弧失败。若引弧失败,机器人会发出"引弧失败"的信息,并报警停机。当机器人用于生产线时,引弧失败可能导致整个生产线的停机。因此,焊接机器人用于生产线时,应选择再引弧功能来有效地防止这种情况的发生。

再引弧功能的实现步骤如图5-1所示。与再引弧功能相关的最大引弧次数、退丝时间、平移量以及焊接速度、电流、电压等参数均可在焊接辅助条件文件中设定。

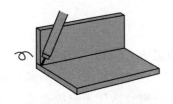 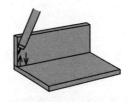 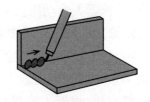

（a）引弧点引弧失败　　　（b）从引弧失败点移　　　（c）引弧成功后返回引
　　　　　　　　　　　　　开,准备进行再引弧　　　弧点,继续正常焊接作业

图5-1　再引弧功能的实现步骤

（2）再启动功能。因为工件缺陷或其他偶然因素，有可能出现焊接中途断弧的现象，并导致机器人报警停机。若在机器人停止位置继续焊接，焊缝容易出现裂纹，利用再启动功能可有效地防止避免焊缝裂纹。利用再启动功能后，按照在《焊接辅助条件文件》中指定的方式继续动作。断弧后的再启动方法有三种。

①不再引弧：输出"断弧、再启动中"的信息，机器人继续动作；走完焊接区间后，输出"断弧、再启动处理完成"的信息，之后继续正常的焊接动作，如图5-2（a）所示。

②以指定搭接量返回：断弧后以指定搭接量返回一段再引弧，之后以正常焊接条件继续动作，如图5-2（b）所示。

③手工介入：如果断弧是由机器人不可克服的因素导致的，则停机后必须由操作者手工介入。手工介入解决问题后，使机器人回到停机位置，然后按"启动"按钮，使其以预先设定的搭接量返回，之后再进行引弧、焊接等作业，如图5-2（c）所示。

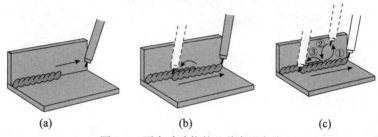

图5-2 再启动功能的几种实现方法

（3）自动解除粘丝的功能。大多数自动焊机都具有防粘丝功能，即在熄弧时焊机会输出一个瞬间相对高电压以进行粘丝解除。但在焊接生产中仍会出现粘丝的现象，需要利用机器人的自动解除粘丝功能进行解除。在使用该功能时，即使检测到粘丝也不会马上输出"粘丝中"的信号，而是自动施加一定的电压，进行解除粘丝的处理。

自动解除粘丝功能也是利用一个瞬间相对高电压以使焊丝粘连部位爆断，自动解除粘丝的次数、电流、电压、时间等参数均可在焊接辅助条件文件中设定。

在未使用粘丝自动解除的功能时，若发生粘丝或者自动解除粘丝的处理失败的情况，机器人就会进入暂停状态。暂停状态时，示教编程器"HOLD"显示灯亮，并且输出外部信号"粘丝中"的信号。自动解除粘丝功能的实现步骤如图5-3所示。

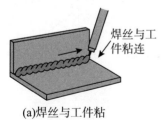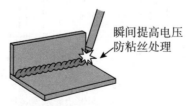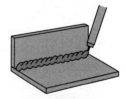

(a)焊丝与工件粘在一起发生粘丝　　(b)瞬间的相对高电压进行粘丝解除　　(c)经过焊机自身粘丝解除处理后，粘丝仍未能解除时，则利用机器人的自动解除

图5-3 自动解除粘丝功能

（4）渐变功能。渐变功能是指在焊接的执行中，逐渐改变焊接条件的功能。即在某一区段内将电流/电压由某一数值渐变至另一数值，示意说明如图5-4所示。

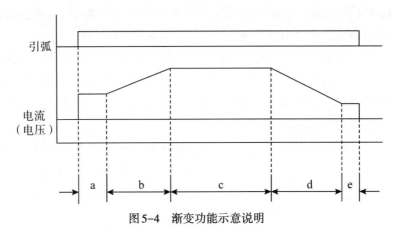

图5-4　渐变功能示意说明

a：以"引弧条件"文件中设定的规范参数引弧；

b：焊接电流（或电压）由小渐变大；

c：以恒定的规范参数焊接；

d：焊接电流（电压）由大渐变小；

e：以"熄弧条件"文件中设定的规范参数熄弧。

对于铝材、薄板以及其他特殊材料的焊接，由于其容易导热，特别是焊接到结束点附近时，工件容易发生断裂、烧穿。若在结束焊接前逐渐降低焊接条件，可防止工件断裂、烧穿。

（5）摆焊功能。利用摆焊功能可以提高焊接生产效率，改善焊缝表面质量。形态、频率、摆幅以及角度等摆焊条件可在摆焊条件文件中设定，摆焊条件文件最多可输入16个。

摆焊的动作形态有单摆、三角摆、L摆，其尖角可被设定为有/无平滑过渡。如图5-5所示为摆焊的动作形态示意说明。

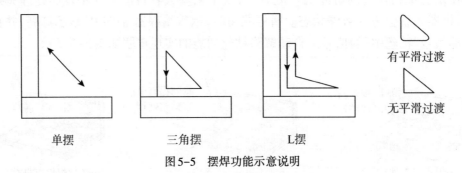

图5-5　摆焊功能示意说明

摆焊动作的一个周期，一般可以分为四个或三个区间，如图5-6所示。

在区间之间的节点上可以设定延时；延时方式有两种，即机器人停止和摆焊停止。可以根据要焊接的两种母材的可熔性,灵活地选择适当的延时方式,以取得比较理想的熔深。

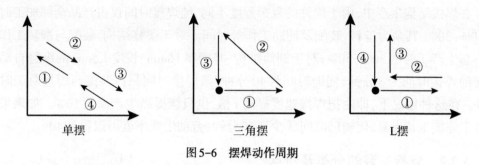

图5-6 摆焊动作周期

### 5.1.3 点焊机器人的选择依据

(1)必须使点焊机器人实际可达到的工作空间大于焊接所需的工作空间,焊接所需的工作空间由焊点位置及焊点数量确定。

(2)点焊速度与生产线速度必须匹配。由生产线速度及待焊点数确定单点工作时间,而机器人的单点焊接时间(含加压、通电、维持、移位等)必须小于此值,即点焊速度应大于或等于生产线的生产速度。

(3)应选内存容量大,示教功能全,控制精度高的点焊机器人。

(4)机器人要有足够的负载能力。点焊机器人需要有多大的负载能力,取决于所用的焊钳形式。对于采用与变压器分离的焊钳,选用负载30~45kg的机器人就足够了;对于与变压器一体的焊钳应选用负载70kg左右的机器人。

(5)点焊机器人应具有与焊机通信的接口。如果组成由多台点焊机器人构成的柔性点焊焊接生产系统,点焊机器人还应具有网络通信接口。

(6)需采用多台机器人时,应研究是否采用多种型号,并与多点焊机及简易直角坐标机器人并用等问题。当机器人间隔较小时,应注意动作顺序的安排,可通过机器人群控或相互间联动锁止作用避免干涉。

## 5.2 焊接工装的设计计算

焊接工艺装备就是在焊接结构生产的装配与焊接过程中起配合及辅助作用的夹具、机械装置或设备的总称,简称焊接工装。装配用工艺装备的主要任务是按产品图样和工艺上的要求,把焊件中各零件或部件的相互位置准确地固定下来,只进行定位焊,而不完成整个焊接工作。焊接用工艺装备专门用来焊接已点焊固定好的工件。

### 5.2.1 焊接工装的作用

在焊接结构生产中，由于焊件的复杂程度不同，纯焊接时间仅占产品全部加工时间的10%~30%，其余为备料、装配及辅助工作等时间。对于梁柱结构，装配与翻转工作时间占总生产工时的30%~50%；对于圆筒结构，其壁厚16mm、长度1.5mm的纵缝自动埋弧焊的焊接时间为8分钟，辅助时间为40分钟，即焊接时间只占装配与焊接总工时的17%。在这种情况下，即使把焊接速度提高1倍，也只能提高生产率约10%。如果采用高效率焊接工装夹具，使辅助时间减少到20分钟，劳动生产率就可以提高40%。

### 5.2.2 焊接工装的分类及特点

按用途可以分为装配用工艺装备、焊接用工艺装备和装配焊接工艺装备；按应用范围可以分为通用焊接工装、专用焊接工装和柔性焊接工装；按动力源可分为手动、气动、液压、电动、磁力、真空等焊接工艺装备；按焊接方法可分为电弧焊工装、电阻焊工装、钎焊工装、特种焊工装等。

焊接工装与一般工艺工装相比，具有如下特点：

(1)结构复杂，使用过程与制造工艺相符合；

(2)焊件在工装中所受的夹持力比机加工零件在机床夹具中小，不同零件、不同部件的夹持力也不相同；

(3)焊接工装通常是焊接电源二次回路的一个部分，为了防止焊接电流流过机件而使其烧坏，需要进行绝缘；

(4)焊接工装要与焊接方法相适应；

(5)薄板焊接定位要求高。

### 5.2.3 焊接工装设计的基本原则和要求

#### 1.实用性原则

实用性是指工装的使用功能。它既表现为技术性能好，能满足装配焊接工艺要求；同时也表现为整个工装系统与人体相适应，操作舒展方便，安全省力。符合人体的生理和心理特征，使人机系统的工作效能达到最佳状态。

焊接过程是构件体积和重量不断增加、结构趋于复杂的过程，所设计的工装应能适应这种情况。焊接过程是局部加热过程，不可避免会产生焊接应力和变形，在考虑定位夹紧方案时应充分考虑到焊接应力和焊接变形的大小和方向。

焊接方法不同，对工装的结构和性能要求也不同。

对于手动夹具和移动式工装，在保证足够刚度的前提下应尽量减轻重量。

尽量使焊缝处于易于焊接的位置，尽量减少工件翻转次数。

工装的功能设计和造型设计必须从人机工程学的观点,考虑人的各种因素,来确定适合人体机构特点的设备系统。

**2.经济性原则**

经济性原则就是力求用最少的人力、物力和财力来获得最大成效。

从经济角度考虑,采用工装可提高生产效率,降低生产成本,提高产品质量,增加产品附加值。设计制造工装时,应降低工装制造费用,缩短工装投资回收期;应尽量采用标准零部件,在保证工装可靠性的同时减少精加工比例和结构重量。是否采用以及采用何种工装要与生产纲领和生产类型相适应。

**3.可靠性原则**

可靠性原则要求工装在使用期内绝对安全可靠,凡是受力构件都应具有足够的强度和刚度,足以承受焊件重量,以及限制焊接变形等引起的各向拘束应力。另一方面,工装应具有防差错功能,防止操作者出现错装、漏焊,或者错焊等制造误差。

**4.艺术性原则**

艺术性原则要求工装设计造型美观,在满足功能使用和经济许可的条件下使操作者在生理上、心理上感到舒适,给人以美的感受。但实用是第一位的,美观处于从属地位,经济是约束条件。

### 5.2.4 焊接工装夹具设计

焊接工装的设计步骤主要包括焊接件结构分析、焊接件的焊接性能分析、焊接工艺制订和主要夹具零件设计等。下面以图5-7所示的踏板结构件为例进行说明。

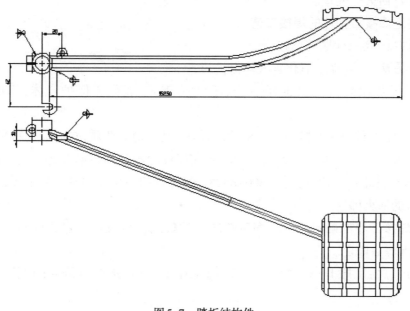

图5-7 踏板结构件

**1.焊接件的分析结构**

焊接结构件由Q235a踏板锻件、45模锻踏杆、35钢拔杆和10钢弹簧挂耳等4部分组成。踏板与踏杆、拔杆与踏杆、弹簧挂耳需要连接。

**2.焊接结构件的焊接性能分析**

焊接性就是金属是否适应焊接加工形成完整的、具备一定使用性能的焊接接头的特性。主要考察金属在焊接加工中是否容易形成缺陷,焊成的接头在一定条件下的可靠运行能力。

在焊接过程中形成的缺陷主要有:

(1)气孔。焊缝表面或邻近表面的气孔比深埋气孔更危险,成串或密集气孔比单个气孔更危险。

(2)夹渣。夹渣或夹杂物截面积的大小与材料抗拉强度下降成比例,但对屈服强度的影响较小。

(3)几何形状造成的不连续。几何形状造成的咬边、焊缝成型不良或烧穿等不连续性缺陷,不仅降低构件的有效截面积,还会产生应力集中。

(4)未熔合和未焊透。未熔合和未焊透缺陷比气孔夹渣更为有害。

(5)裂纹。裂纹是最危险的焊接缺陷。

由于尖锐裂纹易产生尖端缺口效应,当出现三向应力状态和温度降低等情况时,裂纹可能失稳和扩展,造成结构撕裂。该构件主要由中碳钢组成,在焊接过程中有产生热裂纹的倾向,要求在选用焊条时应严格限制焊条中的硫、磷的含量,硫、磷的含量总和在0.25%以下。为了防止焊接过程中产生冷裂纹,在焊接前应该进行预热,焊接后及时进行回火热处理。

**3.制定焊接结构件的焊接工艺**

(1)焊接方法及焊接规范如下:

焊接方法:半自动二氧化碳气体保护焊;

焊接规范:焊接电流80~100A,电压50~60V,二氧化碳保护气体,不要求焊接预热。

(2)焊接质量的保证措施。焊前清除油污、氧化物等杂质,焊前应进行预热,预热温度应在150℃以上,也不宜太高。焊后要在焊件冷却到预热温度之前立即进行消除应力的热处理,回火温度控制在600~650℃,焊件在炉中加热和冷却应平缓,减少截面厚度方向的回火梯度。

(3)焊接工序的确定。点焊固定顺序:将踏杆、踏板、拔杆、弹簧挂耳与夹具依次相连接,点焊后固定。

焊接顺序:工序1——焊踏杆与拔杆;工序2——焊踏杆与踏板;工序3——焊弹簧挂耳。

#### 4.主要零件的设计

(1)夹具体设计。夹具体是夹具的基本件,既要把夹具的各种元件、机构、装置连接成一个整体,而且还要考虑工件装卸的方便。因此,夹具体的形状和尺寸主要取决于夹具各组成件的分布位置、工件的外形轮廓尺寸以及加工的条件等。根据以上要求,该构件的基准面选定为底板的左面和中后面。

综合考虑结构合理性、工艺性、经济型、标准化以及各种夹具体的优缺点等,选择夹具体毛坯制造方法为铸造夹具体。考虑到定位的精确度,定位器和夹紧器的销孔在装配时配作。考虑到焊件小,夹具体的强度要求以及夹具体的结构要求,无需在夹具体上设计加强筋。

(2)定位器的设计。在装配过程中把待装零件、部件的相互位置确定下来的过程叫做定位。定位器是保证焊件在夹具中获得正确装配位置的零件和部件。对焊接金属结构的每个零件来说,不必都设六个定位支撑点来确定其位置。因为各零件之间都有确定的位置关系,利用先装好的零件作为后装配零件某一基面上的定位支撑点,可以减少定位器的数量。为了保证装配精度,应将焊件几何形状较规则的边和面进行装焊作业,此时工作平台不仅具有夹具体的作用,而且还具有定位器的作用。此底座中要定位的构件有加紧螺栓,顶进装置。各个定位装置与底板之间用螺栓连接。

(3)夹紧装置的设计。在夹具上被定好位置的工件,必须进行夹紧,否则无法维持它的即定位置。即始终使工件的定位基准与定位元件紧密接触,这样就必须有夹紧装置。在夹紧时要使夹紧所需要的力应能克服操作过程中产生的各种力,如工件的重力、惯性、因控制焊接变形而产生的拘束力等。但是在本焊接工件进行焊接时,需要工件以轴线进行旋转,因此,不需要额外的夹紧装置只需要支撑及顶紧装置。

(4)夹紧材料的设计。夹紧的材料是决定夹具性能好坏的一个重要因素,材料的选取既要考虑性能,还要考虑材料的经济性。制造踏板构件所需要的夹紧螺栓基座,顶紧装置基座的形状简单,夹紧力不大,选用价格便宜、成型工艺性好的铸铁材料即可。

(5)夹具尺寸公差及粗糙度。夹具体中孔间距 $L<150$mm 时,中心距公差选用 $\pm 0.15$mm;孔间距 $L>150$mm 时,中心距公差选用 $\pm 0.5$mm。粗糙度等级一般采用 Ra3.2。

(6)绘制正式装配图。首先需要通读工件图,确定被焊件的材料、焊接位置、焊缝及接头形式等,并据此制定出行之有效的工装夹具设计方案。在绘制装配图时,首先要选定装配基准面,可以选择底板的左侧或后面座为基准面。本例中需要焊接的工件有踏板、踏杆、拔杆和弹簧挂耳,踏杆定位与夹紧采用螺栓,踏板的定位和夹紧采用支撑板和紧固螺钉,底板与底座之间的定位方式为前面采用夹紧螺栓定位,后面用紧固螺钉压紧,按此方案画出相应的图线,即可完成装配草图的绘制。

(7)绘制零件图。根据装配图绘制各零件图、标注尺寸、公差、配合、粗糙度等。

### 5.2.5 机器人焊接工装夹具与普通焊接夹具的区别

机器人焊接工装夹具与普通焊接夹具比较有如下特点：

（1）对零件的定位精度要求更高，焊缝相对位置精度较高，应小于等于1mm；

（2）由于焊件一般由多个简单零件组焊而成，而这些零件的装配和定位焊，在焊接工装夹具上是按顺序进行的，因此，它们的定位和夹紧是一个个单独进行；

（3）机器人焊接工装夹具前后工序的定位须一致；

（4）由于变位机的变位角度较大，机器人焊接工装夹具尽量避免使用活动手动插销；

（5）机器人焊接工装夹具应尽量采用快速压紧件，且需配置带孔平台，以便快速装夹；

（6）与普通焊接夹具不同，机器人焊接工装夹具除正面可以施焊外，其侧面也能够对工件进行焊接，可以无限延伸。

## 5.3 焊接变位机的选型

焊接变位机

### 5.3.1 焊接变位机的定义

在焊接过程中，经常会遇到焊接变位以及选择合适的焊接位置的情况，必须用到能够实现焊件的回转、翻转或者既能翻转又能回转，使工件处于最便于装配和焊接的位置的变位机械。焊接变位机械包括焊接翻转机、焊接回转台、焊接滚轮架、焊接变位机。

焊接变位机是为了适应机器人焊接需要而出来的焊接变位机械，它可以通过工作台的回转和翻转，使待焊处置于合适位置，很好地和焊接设备结合使用，实现焊接的自动化、机械化生产，提高生产效率和焊接质量。焊接变位机就是移动工件，使之待焊部位处于合适易焊接的位置的焊接辅助设备。选择合适的焊接变位机，可以提高焊接质量及生产效率，降低工人的劳动强度及生产成本，加强安全文明生产，有利于现场管理。

### 5.3.2 焊接变位机的类型和特点

焊接变位机按结构形式可分伸臂式、座式和双座式等三类。

**1.伸臂式焊接变位机**

伸壁式焊接变位机的回转工作台安装在伸臂一端，伸臂一般相对于某倾斜轴成角度回转，倾斜轴的位置大多数是固定的，但也可在小于100°的范围内上下倾斜。如图5-8所示。

这种变位机具有变位范围大,作业适应性好,但整体稳定性差,多用于1t以下中小工件手工焊的翻转变位。大多数为电机驱动,承载能力一般在0.5t以下;液压驱动的变位机,则承载能力较大。

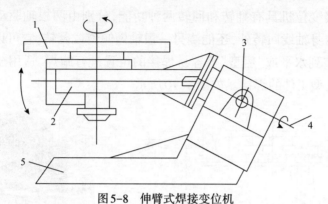

图5-8　伸臂式焊接变位机

1-回转工作台;2-伸臂;3-倾斜轴;4-转轴;5-机座

### 2.座式焊接变位机

座式焊接变位机工作台有两个自由度,一个是整体翻转自由度,可将工件翻转到理想的焊接位置进行焊接;另一个为旋转自由度,可用于多个工件的多工位焊接。座式焊接变位机已经系列化生产,主要用于一些管、盘的焊接。如图5-9所示。

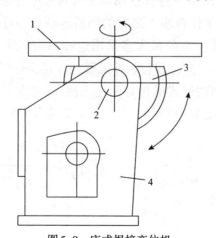

图5-9　座式焊接变位机

1-回转工作台;2-倾斜轴;3-扇形齿轮;4-机座

座式焊接变位机通过工作台的回转或倾斜,使焊缝处于水平或船形位置。这种变位机的工作台连同回转机构支承在两边的倾斜轴上,通过扇形齿轮或液压缸在140°的范围内实现工件站的整体恒速倾斜,工作台旋转采用变频无级调速。座式焊接变位机稳定性好,可以不用固定在地基上,搬移方便。这种变位机可以采用按键数字控制、开关数字控制和开关继电器控制实现与操作机或焊机联控,可应用于各种轴类、盘类、筒体等回转体工件的焊接。适用于1~50t工件的翻转变位,是目前应用最广泛的结构形式。

### 3.双座式焊接变位机

双座式焊接变位机具有翻转和回转两种功能,分别由两根轴驱动。夹持工件的工作台除能绕自身轴线回转外,还能绕另一根轴做倾斜或翻转,它可以将焊件上各种位置的焊缝调整到水平或"船型"等容易焊接的位置进行施焊,适用于框架型、箱型、盘型和其他非长型工件的焊接。如图5-10所示。

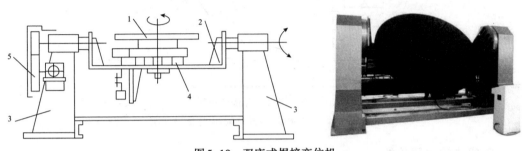

图5-10 双座式焊接变位机

1-工作台;2-U形架;3-机座;4-回转机构;5-倾斜机构

这种变位机的工作台座在U形支架上以焊接所需的速度回转,U形支架则安装在两侧的机座上,以恒定速度或工件焊接所需的速度绕水平轴线转动。该变位机的整体稳定性好,工件安装在工作台座上之后的倾斜运动重心可通过或接近倾斜轴线,倾斜驱动力矩大为减少。重型变位机大多采用这种结构形式,适用于50t以上的重型、大尺寸工件的翻转变位,常与大型门式、伸缩臂式焊接操作机配合使用。

焊接变位机的基本结构形式虽只有上述三种,但派生形式很多,有些变位机的工作台还具有升降功能,如图5-11所示。

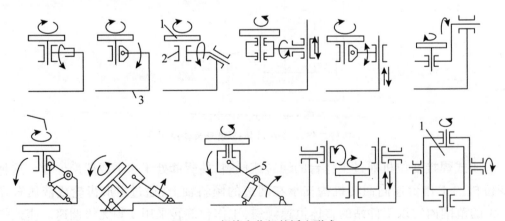

图5-11 焊接变位机的派生形式

1-工作台;2-轴承;3-机座;4-推举液压缸;5-伸臂

### 5.3.3 机器人变位机

机器人焊接变位机与普通焊接变位机相比,其主要差别是可与机器人控制系统联动进行轨迹插补运算,可以进行自由编程。

**1.单轴E型机器人变位机**

单轴E型机器人变位机拥有一个机器人的外部轴,变位机驱动使用机器人系统自带电机、精密RV减速机,通过减速机及回转支承齿轮副达到多级减速的目的。如图5-12所示。

**2.双轴L型机器人变位机**

双轴L型机器人变位机拥有两个机器人的外部轴,每个轴的速度可以人为地进行自由编程,并与机器人控制系统联动进行轨迹插补运算。变位机驱动使用机器人系统自带电机、精密RV减速机,通过减速机及回转支承齿轮副达到多级减速的目的。如图5-13所示。

图5-12 单轴E型机器人变位机　　图5-13 双轴L型机器人变位机

**3.双轴H型机器人变位机**

双轴H型机器人变位机作为机器人的一个外部轴,其驱动由机器人系统控制电机通过精密RV减速机及回转支承齿轮副实现多级减速。尾架带有刹车装置,通过气缸伸缩固定尾架转盘,从而提高变位机的整体安全性及不同种类的应用性能要求。如图5-14所示。

图5-14 双轴H型机器人变位机

### 4.双轴D型机器人变位机

双轴D型机器人变位机拥有两个机器人的外部轴,每个轴的速度可以人为地进行自由编程,并与机器人控制系统联动进行轨迹插补运算。变位机驱动使用机器人系统自带电机、精密RV减速机,通过减速机及与调心滚子轴承上安装的齿轮副达到多级减速的目的。如图5-15所示。

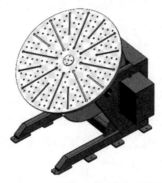

图5-15　双轴D型机器人变位机

### (5)双轴C型机器人变位机

双轴C型机器人变位机拥有两个机器人的外部轴,每个轴的速度可以人为地进行自由编程,并与机器人控制系统联动进行轨迹插补运算。变位机驱动使用机器人系统自带电机、精密RV减速机,通过减速机及回转支承齿轮副达到多级减速的目的。如图5-16所示。

图5-16　两轴C型机器人变位机

### 6.单轴M型机器人变位机

单轴M型机器人变位机拥有一个机器人的外部轴,变位机驱动使用机器人系统自带电机、精密RV减速机。通过减速机及回转支承齿轮副达到多级减速的目的。

尾架安装在地面导轨上,尾架与头架之间距离可通过地轨进行人工自动调节,从而适应不同种类工件、工装的安装。尾架带有刹车装置,通过气缸伸缩固定尾架转盘,从而提高变位机整体安全系数及不同种类的应用性能要求。如图5-17所示。

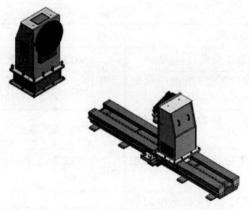

图5-17 单轴M型机器人变位机

### 5.3.4 变位机主要生产厂家

焊接变位机是一个品种多,技术水平不低,小、中、大发展齐全的产品。生产焊接操作机、滚轮架、焊接系统及其他焊接设备的厂家,大都生产焊接变位机;生产焊接机器人的厂家,大都生产机器人配套的焊接变位机。但以焊接变位机为主导产品的企业,非常少见。德国Severt公司、美国Aroson公司等是比较典型的生产焊接变位机的企业。德国CLOOS、日本松下公司等都生产与机器人配套的伺服控制焊接变位机。

#### 1.德国Severt公司

主要生产8种类型的产品,其中7种是焊接变位机。每种型式的焊接变位机,按其功能讲,均包括基本型、调速型、CNC程控型和机器人配套型等4种产品。详细产品如表5-1所示。

表5-1 德国Severt公司焊接变位机产品

| 系列 | 产品名称 | 系列 | 产品名称 |
|---|---|---|---|
| S10 | S10.1 L形双回转式、L形双回转升降式 | S30 | S30.1立式单回转 |
| | S10.2 L形双回转—倾翻式、L形双回转—倾翻升降式 | | S30.2立式单回转双工位 |
| | S10.3 2×L形双回转式、2×L形双回转升降式 | S40 | S40.1 双座单回转分体式 |
| | S10.4 2×L形双回转—倾翻式、2×L形双回转—倾翻升降式 | | S40.2 双座首尾单回转式 |
| S20 | S20.1单座单回转式、单座单回转升降式 | | S40.3 H形双座双回转式 |
| | | | S40.4 双座首尾单回转尾架移动式 |
| | | | S40.5 双座首尾倾翻尾架移动式 |
| | S20.2 C形双回转式 | | S40.6 双座3轴单回转式 |
| | | | S40.7单座滚圈单回转式、双座滚圈单回转尾架移动式 |

续表

| 系列 | 产品名称 | 系列 | 产品名称 |
|---|---|---|---|
| S50 | S50.1立式3轴单回转双工位式 | S60 | S60.1倾翻—回转式(0°~90°) |
| | S50.2立式单回转双工位2×倾翻—回转式(5轴) | | S60.2倾翻—回转式(±90°) |
| | S50.3立式单回转多工位2×L型双回转式(5轴) | S70 | S70.1立式多工位式4轴(4自由度)单回转 |
| | S50.4立式单回转双工位2×L型双回转倾翻式(7轴) | | S70.2立式多工位2×倾翻——回转式(6自由度) |
| | S50.5立式单回转双工位2×双座单回转式(3轴) | | S70.3立式4工位立式4轴单回转 |
| | S50.6立式单回转双工位2×C型双回转式(5轴) | | |
| | S50.7立式单回转双工位2×卧式单座单回转(3轴) | | |

### 2. 美国Aronson公司

美国Aronson公司主要生产焊接变位机、焊接操作机、滚轮架等焊接设备,焊接变位机主要有倾翻—回转式、倾翻—回转升降式、双座双回转式、双座单回转式和双座单回转升降式等型式,其承载能力范围为11kg~1810t。

C1000、C2000、C4000等C系列手动双回转式焊接变位机的承载能力为11~1814kg,LD60N、LD150N、LD300N等LD系列小型倾翻—回转式焊接变位机的承载能力分别为27kg、68kg、136kg,D\DH系列倾翻—回转式变位机的倾翻角度为1350、承载能力为142~31750kg,AB系列(AB30~AB1200)倾翻—回转(换销)定位式变位机的倾翻角度为1350、承载能力为1950~54430kg,GE系列(GE25~GE3500)倾翻—回转(齿轮齿条)无级升降式变位机的倾翻角度为1350、承载能力为1950~54430kg,G系列(G400~G4-MEGA)倾翻—回转式变位机的倾翻角度为900、承载能力为1814~1814000kg,DCG双座双回转式最大产品的承载能力为500t,HTS5~HTS240等单回转式焊接变位机的承载能力为267~108862kg,HTS-GE系列(HTS5 GE、HTS240GE)单回转(齿轮齿条)升降式变位机的承载能力与HTS系列产品一样。

### 3. 德国CLOOS公司

德国CLOOS公司是国际上生产焊接设备的大型公司之一,主要生产焊接机器人、焊机、焊接变位机等产品。在我国除可见到与焊接机器人系统配套进口的L形双回转式、倾翻—回转式和单回转式变位机外,还生产卧式单坐单回转WPV、立式单回转RR502以及各种多轴焊接机器人配套的变位机,如立式多工位2×卧式单回转R-WPV 2形(3轴)、立式多工位2×C型双回转式R-WPV2-CD(5自由度)、立式多工位

2×倾翻—回转 GR-WPK 2(5轴)、立式多工位 2×倾翻—回转×单回移动转式 GR-WPK 2-CD(9轴)等。

### 4. 日本松下(Panasonic)公司

日本松下公司将传动装置、机座、夹具体等做成标准模块,通过集成不同的标准模块可生产12个系列的焊接变位机,并按轴数和结构型式分类。单轴变位机有立式单回转、卧式单座单回转、双座单回转等3个系列;双轴变位机有C、L、H、准L型双回转式及2X卧式单座单回转式等5个系列;三轴变位机有立式多工位2X立式单回转、卧式多工位2X双座单回转式和2X卧式单座单回转式等3个系列;五轴变位机有立式多工位2XL型双回转。

## 5.3.5 焊接变位机的选型原则

### 1. 焊接变位机的类型选择

(1)根据焊接结构件的结构特点选择合适的焊接变位机。如装载机后车架、压路机机架可用双立柱单回转模式,装载机的前车架可选L形双回转式,装载机的铲斗焊接变位机可设计成C形双回转式,挖掘机车架、大臂等可用双座式头尾架双回转型式,对于一些小总成焊接件可选取目前市场上已系列化生产的座式通用变位机。

(2)根据手工焊接作业的情况,所选的焊接变位机能把被焊工件的任意一条焊缝转到平焊或船焊位置,避免立焊和仰焊,保证焊接质量。

(3)选择开敞性好,容易操作,结构紧凑占地面积小的焊接变位机,工人操作高度尽量低,安全可靠。工装设计要考虑工件装夹简单方便。

(4)工程机械大型的焊接结构件变位机的焊接操作高度很高,工人可通过垫高的方式进行焊接。焊接登高梯的选取直接影响焊接变位机的使用,视高度情况可用小型固定式登高梯、三维或两维机械电控自动移动式焊接升降台。

### 2. 变位机中的机械传动机构的选择

设计电力驱动的变位机方案时,需要选择从电机到工作台之间的机械传动方式,以及相应的传动机构。在选择之前必须根据装配和焊接工艺过程的特点明确下列要求:

(1)对变位机械的功能要求。变位机械应该能实现什么动作,如平移、升降或者回转等。如果是平移,是直线平移还是曲线平移;如果是回转运动,是连续回转还是间歇翻转等。

(2)对运动速度的要求。必须明确是快速还是慢速,是恒速还是变速,是有级变速还是无级变速。

(3)对传动平稳性和精度的要求。用于自动焊接的变位机,就要求传动具有较高的精度,可以选择蜗杆传动和齿轮传动。

(4)对自锁、过载的保护、吸振等能力的要求。为了安全起见,用于升降、翻转,以及存在倾覆危险的传动,传动机构必须有自锁能力。

如果传动方式及其相应的传动机构有多个可能的选择时,要从它们之间的传动功率大小、尺寸紧凑程度、传动效率高低和制造成本来综合考虑后择优选定。

## 5.4 焊接电源的选型

### 5.4.1 焊接电源的选型计算的一般过程

电源是焊接电弧能量的提供装置,其性能和质量直接影响到电弧燃烧的稳定性,进而影响到焊接质量。不同类型的弧焊电源,其使用性能和经济性存在差异。所以,只有根据不同工况正确选择弧焊电源,才能确保焊接过程顺利进行,并在此基础上获得良好的接头性能和较高的生产效率。

一般应根据以下几个方面选择弧焊电源:

(1)焊接电流的种类;

(2)焊接工艺方法;

(3)弧焊电源的功率;

(4)工作条件和节能要求。

下面简单介绍怎样根据弧焊电源功率选择弧焊电源。

**1.粗略确定弧焊电源的功率**

主要的焊接工艺参数是焊接电流,需要按电流大小确定功率,再按照所需的焊接电流对照电源型号后面的数字来选择电源的容量。如 BX1-300,300 表示额定焊接电流为300A,只要实际焊接电流小于这个数值即可。

**2.根据负载持续率确定需用焊接电流**

弧焊电源的负载持续率,就是指弧焊电源负载运行持续时间占工作周期的比例,用符号 FS 表示,其数学表达式为 $FS=t/T\times100\%$。

标准规定的负载持续率为额定负载持续率,有15%、25%、40%、60%、80%、100%等六种,以 $FS_e$ 表示。焊条电弧焊电源一般取60%;轻便弧焊电源一般取15%或25%;自动、半自动弧焊电源一般取100%或60%。根据发热量相同的原则,便可求出不同 FS 下的许用焊接电流。

$$I=I_e\sqrt{\frac{FS_e}{FS}} \tag{5-1}$$

当实际负载持续率比额定负载持续率大时,许用焊接电流比额定电流小;反之比额定电流大。

**3.额定容量(功率)**

弧焊电源铭牌上一般都标有"额定容量"或"额定输入容量"等字样。额定容量 $S_e$ 是电网必须向电源提供的额定视在功率。对焊接变压器来说,等于额定一次电压 $U_{1e}$

与额定一次电流$I_{1e}$的乘积,即$S_e = U_{1e} \times I_{1e}$。

根据铭牌上的额定容量及一次电压值,不但可以对电网的供电能力提出要求,还可以推算出一次额定电流大小,以便选择动力线直径及熔断器规格。特别注意,弧焊电源铭牌上的额定容量是指视在功率,而实际运行中弧焊电源到底能输出多大有功功率,还取决于焊接回路的功率因数。功率因数是输出有功功率与视在功率的比值。弧焊变压器在额定状态下输出的有功功率为:

$$P_e = U_{1e} \times I_{1e} \times \cos\varphi = S_e \times \cos\varphi \qquad (5\text{-}2)$$

$S_e$是指额定负载持续率$FS_e$下的额定容量,若$FS$不同,对应的容量$S$为:

$$S = S_e \sqrt{\frac{FS_e}{FS}} \qquad (5\text{-}3)$$

**4. 估算功率因数$\cos\varphi$**

在焊接回路中消耗有功功率主要对象是焊接电弧,即电弧是焊接回路中的主要负载。因此,

$$\cos\varphi \approx U_h / U_0 \qquad (5\text{-}4)$$

由式(5-4)可知,在焊接电源额定工作电压一定的情况下,空载电压$U_0$越高、功率因数越低。因此,弧焊电源铭牌上若注明额定工作电压及空载电压值$U_0$,就可以估算出额定工作状态下的功率因数,判定该电源对电网的利用情况,作为选用弧焊电源经济性的参考。

### 5.4.2 熔化极气体保护焊焊接电源的种类和选择

机器人焊接的燃弧率比手工电弧焊的燃弧率高得多,选择与机器人配套的焊接电源时,必须特别注意暂载率。即使实际焊接采用的焊接规范和半自动焊接相同,机器人用焊接电源的容量也应选用更大的。

如用直径1.6mm焊丝、380A电流进行半自动焊接,可以选用暂载率60%、额定电流500A的焊接电源。若选用弧焊机器人采用相同工艺规范操作时,其配套的焊接电源须选用暂载率100%的500A电源,或暂载率60%的600A或更大容量的电源。

它们之间容量的换算公式:

$$I_{100} = (IJ_{60} \times 0.6) \times \frac{1}{2} \qquad (5\text{-}5)$$

其中$J_{60}$表示负载持续率60%电源的额定电流值,而$I_{100}$为对应负载持续率100%的额定电流值。如采用大电流长时间焊接,电源容量最好要有一定保险系数,否则会使电源因升温过高而不能正常工作。目前,可以和机器人配套的熔化极气体保护焊的电源非常多,但机器人供应商往往推荐与其协作的电源供应商,企业也可根据自身使用需求,提出对配套电源类型或品牌的要求。

常用于弧焊机器人的焊接电源大体上有如下几类：

**1.普通焊接电源**

目前，机器人配备的比较廉价的普通焊接电源是晶闸管电源，负载持续率一般为60%。这种电源已普遍用在手工半自动焊，若用于焊接机器人工作站系统，须注意容量问题。另外，晶闸管电源一般没有更有效的抑制飞溅的功能，当采用短路过渡形式的 MAG($CO_2$)气体保护焊时，飞溅一般较大，目前已较少使用该类电源配套机器人。

**2.具有减少短路过渡飞溅功能的逆变电源**

该类电源一般采用 IGBT 逆变电路。焊接电源动特性好，反应速度快，能较好地适应于弧焊机器人工作站系统的需求。其具有的减少短路过渡飞溅功能，主要用于焊接较薄的工件，并且在采用短路过渡形式的焊接规范焊接时才有实际意义。选用时要注意电源所要求的输入电压。因为有些供应商产品的输入电压与国内不同，如日本产的这类电源，输入电压为三相200V，必须同时配备一台大容量的380V到200V的三相降压变压器。

**3.颗粒过渡或射流过渡用大电流电源**

这种焊接电源容量都比较大（600A以上），负载持续率为100%，适用于采用混合气体保护射流过渡焊、粗丝大电流 $CO_2$ 气体保护潜弧焊或双丝焊等方法。常用来焊接重、大、厚的工件，该类电源有逆变电源和晶闸管式电源。

**4.有特殊功能的焊接电源**

有特殊功能的焊接电源种类很多，如适合铝和铝合金的 TIG 焊的方波交流电源、变极性等离子电源、双丝焊电源、高速焊电源、带有专家系统的协调控制（或单旋钮）MIG / PMIG 焊接电源等。有的电源能自动根据焊丝伸出长度的变化相应地调节焊接规范，使焊出的焊缝保持相同的熔宽或熔深。

机器人配套的焊接电源最好根据工件特征、材质和焊接工艺参数来选择所需的功能。

# 5.5 焊接其他设备的选型

焊接送丝机

## 5.5.1 送丝装置的选择

这里所说的送丝装置包括送丝机、送丝软管和焊枪三部分。弧焊机器人的送丝稳定性是关系到焊接能否连续稳定进行的重要问题，但许多用户往往对送丝装置的重要性重视不够。引起送丝不稳定或中断送丝的原因，可能是硬件也可能是软件原因，必须根据出现送丝不稳定的现象来分析。弧焊机器人配备的送丝机可按安装方式分为两种：一种是将送丝机安装在机器人的上臂的后部上面与机器人组成一体的方式；另一种是将送丝机与机器人分开安装的方式。由于一体式的送丝机到焊枪的距离比分离式的短,连接送丝机和焊枪的软管也短,所以一体式的送丝阻力比分离式的小。从提高送丝稳定性的角度看,一体式比分离式要好一些。目前,弧焊机器人的送丝机采用一体式的安装方式已越来越多了,但对要在焊接过程中进行自动更换焊枪,如变换焊丝直径或种类的机器人,必须选用分离式送丝机。

送丝机的结构有一对或两对送丝辊轮,有只用一个电机驱动一对或两对辊轮的,也有用两个电机分别驱动两对辊轮的。从送丝力来看,两对辊轮的送丝力比一对辊轮的大些。当采用药芯焊丝时,由于药芯焊丝比较软,辊轮的压紧力不能像用实心焊丝时那么大,为了保证有足够的送丝推力,选用两对辊轮的送丝机可以有更好的效果。对于送丝机与机器人连成一体的安装方式,虽然送丝软管比较短,但有时为了方便换焊丝盘,而把焊丝盘或焊丝桶放在远离机器人的安全围栏之外,这就要求送丝机有足够的拉力从较长的导丝管中把焊丝从焊丝盘(桶)拉过来,再经过软管推向焊枪,对于这种情况,和送丝软管比较长的分离式送丝机一样,都希望选用送丝力较大的送丝机。如忽视这一点,往往会出现送丝不稳定甚至中断送丝的现象。

送丝机的送丝速度控制方法可分为开环和闭环两种。目前,大部分送丝机仍采用开环的控制方法,但也有一些采用装有光电传感器(或码盘)的伺服电机,使送丝速度实现闭环控制,不受网路电压或送丝阻力波动的影响,保证送丝速度的稳定性。

对填丝的脉冲TIG焊来说,可以选用连续送丝的送丝机,也可以选用能与焊接脉冲电流同步的脉动送丝机。脉动送丝机的脉动频率可受电源控制,而每步送出焊丝的长度可以任意调节。脉动送丝机也可以连续送丝,因此,近来填丝的脉冲TIG焊机器人配备脉动送丝机的情况已逐步增多。

### 5.5.2 送缝软管的选择和保持送丝稳定的措施

目前,软管都是将送丝、导电、输气和通冷却水做成一体的方式,软管的中心是一根通焊丝的同时也起输送保护气作用的导丝管,外面缠绕导电的多芯电缆,有的电缆中央还有两根冷却水循环的管子,最外面包敷一层绝缘橡胶。当送铝焊丝时,应选用特富隆(TEFLON)或尼龙制成的管做导丝管;而送钢焊丝时,一般采用钢制的弹簧管,导丝管的内径应比焊丝直径大1mm左右。造成弧焊机器人送丝不稳定的原因往往是软管阻力过大。一方面可能是选用的导丝管内径与焊丝直径不匹配;另一方面可能是导丝管内积存由焊丝表面剥落下来的铜末或钢末过多所造成的。因此弧焊机器人应选用镀铜层较牢固的优质焊丝,并调节好送丝辊轮的压紧力,尽可能减少焊丝表面镀铜层的剥落,而且一个月至少应定期清洗一次导丝管。如能选用不锈钢制成的导丝管更好,由于奥氏体不锈钢没有磁性不会吸住钢末,不但容易清理,而且不易堵塞导丝管。

还必须注意在编程时调整焊枪和机器人的姿态,尽可能减少软管的弯曲程度。特别是用分离式送丝机,由于软管较长,如忽视调节机器人与送丝机的距离及姿态,软管很容易出现多个小弯,而造成送丝不畅,这点往往被编程人员所忽视。目前越来越多的机器人公司把安装在机器人上臂的松丝机稍微向上翘,有的还使送丝机能作左右小角度自由摆动,目的都是减少软管的弯曲,保证送丝速度的稳定性。

### 5.5.3　焊枪喷嘴的清理装置

一般 $CO_2$(MAG)焊有较大的飞溅,飞溅将逐步粘在焊枪的喷嘴和导电嘴上,既影响气体保护效果,又影响到送丝的稳定性。因此,可根据飞溅的大小情况,每焊若干个工件后就得对喷嘴和导电嘴进行一次清理。弧焊机器人系统最好都要配备自动喷嘴清理装置。

当机器人运行焊枪喷嘴清理子程序时,机器人将焊枪送到清理装置的上方,清理装置中的接近开关接到焊枪到位或接收到机器人控制柜发出的开始清理信号后,自动清理装置的气动夹钳将喷嘴夹紧,清理飞溅的弹簧刀片开始升起并旋转,并一边高速旋转,一边慢慢伸入喷嘴内,将喷嘴和导电嘴表面粘附的飞溅颗粒刮下来。有的焊枪制造商还专门为弧焊机器人生产一种专用焊枪。这种焊枪增加一根通向喷嘴的高压气管。在弹簧刀片清理飞溅时及清理完毕后,从高压管向喷嘴里喷出一股高速气流,将喷嘴内的残留飞溅颗粒彻底清除,喷嘴清理后,弹簧刀片下降,气动夹钳松开。并发信号给控制柜,机器人将焊枪移到喷防飞溅油的喷嘴上方,用压缩空气把防飞溅油喷入喷嘴内。防飞溅油能减轻飞溅颗粒在喷嘴和导电嘴上的粘附牢度。

### 5.5.4　剪焊丝装置

配备剪焊丝装置是为了去掉焊丝端头上的小球保证引弧的一次成功率。目前大多数弧焊机器人所选用的焊接电源都具有熄弧时自动去除焊丝端头小球的功能。多数情况下,焊丝端头的小球在熄弧时已经没有大的小球,没有必要一定要配备剪丝装置。但如果机器人要利用焊丝的端头来进行接触寻位的话,焊丝的伸出长度必须保持一致,配备剪丝装置就很有必要了。对于用焊枪喷嘴的外表面进行寻位的,可不必要求剪丝。

机器人运行剪丝子程序时,机器人将焊枪送到指定位置,焊枪和刀片相对位置固定。送丝机自动点送一段焊丝后,剪丝机自动将焊丝剪断,使每次剪后的焊丝伸出长度(干伸长)保持一致,均为预定长度(15~25mm)。

**思考题**

1.焊接机器人有何特点?其主要参数有哪些?

2.简述焊接机器人的选型计算过程。

3.焊接变位机有何用途?主要有哪些种类?国际知名的焊接变位机主要有哪些?

4. 简述焊接变位机的选型计算过程。

5. 机器人用焊接电源有何特点?

6. 简述机器人用焊接电源的选型计算过程。

7. 什么是送丝机? 简述其与焊接电源的联动过程?

8. 为什么要进行清枪和剪丝? 何时进行清枪和剪丝?

9. 变位机如何实现工业机器人的联动?

# 第6章

# 焊接机器人系统集成控制技术

## 学习要求

### 知识目标
·掌握焊接机器人系统集成控制的基础知识;
·了解焊接机器人系统的集成方法与技术。

### 能力目标
·能够根据焊接要求选择合理的控制方法;
·能够完成初步的集成控制方案设计。

# 6.1　焊接电源与工业机器人的集成控制

## 6.1.1　焊接电源概述

焊接是一种重要的加工方法,西方工业国家钢产量的50%~60%采用焊接加工成形,中国通过焊接加工成形的钢材比例也超过了30%。电弧焊接是第一大类焊接方法,占比为70%~90%。弧焊电源是为焊接电弧提供电能的一种装置。因此,本节以弧焊电源为例介绍焊接电源与工业机器人的集成控制。

弧焊电源的分类种类很多,各有特点,如表6-1所示。

表6-1　弧焊电源

| 分类 | 制式 | 驱动方式 | 动作方式 |
|---|---|---|---|
| 交流电源 | 机械控制式 | 串联电抗器式 | |
| | | 增强漏磁式 | 动圈式 |
| | | | 动铁式 |
| | 电磁控制式 | 磁放大器 | |
| | 电子控制式 | 逆变方波 | |
| | | 晶闸管电抗器式 | |
| | 旋转式 | 电动机驱动 | |
| | | 改动机驱动 | |

| 分类 | 制式 | 驱动方式 | 动作方式 |
|------|------|----------|----------|
| 直流电源 | 弧焊整流器 | 机械控制式 | 串联电抗器式 |
| | | | 动圈式 |
| | | | 动铁式 |
| 直流电源 | | 电磁控制式 | 磁放大器式 |
| | | | 串联电感式 |
| | | 电子控制式 | 晶闸管式 |
| | | | 晶体管式 |
| | | | 逆变器式 |
| 脉冲电源 | 单相整流式 | | |
| | 磁放大器式 | | |
| | 晶闸管式 | | |
| | 晶体管式 | | |
| | 逆变器式 | | |

### 1. 交流弧焊电源

交流弧焊电源产品主要有弧焊变压器和方波交流电源。弧焊变压器由主、次级相隔的主变压器，以及调节和指示装置组成，将电网交流电转变成适宜弧焊的交流电。弧焊变压器具有结构简单、易造易修、成本低、磁偏吹很小、空载损失小、噪音小等优点，但电弧稳定性差、功率因数较低。通常用于使用酸性焊条的手工电弧焊、埋弧焊、钨极氩弧焊等质量要求不高的场合。

方波交流电源是一种高档次交流电源，具有电弧稳定，再引弧容易的特点，无需加装特殊的稳弧器，消除了传统的高频干扰，有利于计算机控制自动化焊接系统的正常工作。通过调节正负半波时间比、幅值比，在保证必要的阴极雾化作用条件下，可以最大限度地减少钨极为正半波的时间，使整个焊接过程向直流反接方法靠近，延缓了钨极的烧损，有利于自动化焊接提高生产率。采用电子技术控制，可以方便地改变电弧形态、电弧作用力及对母材的热输入能量，从而有效地控制熔深及正反面成形。

### 2. 直流弧焊电源

直流弧焊电源主要有直流弧焊发电机、弧焊整流器、逆变弧焊电源等几种类型。

(1)直流弧焊发电机为淘汰产品，只适用于野外环境等比较特殊的作业场所。

(2)弧焊整流器是当前的主流产品，一般由初级和次级绕组相隔的主变压器、半导体整流元件组，以及为获得所需的电源外特点而配备的调节装置等组成，将交流电经半导体整流装置转化为焊接电源所需的直流电。弧焊整流器具有制造方便、体格低、空载损耗小、噪音低、焊接性能好、控制便捷等优点，是各种弧焊作业广泛使用的直流焊接电源。

（3）逆变弧焊电源首先将交流电整流为直流电，再经过逆变电路转换成高频交流电，然后通过变频变压器变压，并整流成60V直流电供焊接使用。逆变弧焊电源的体积是传统焊接电源的$\frac{1}{3}$，重量是传统焊接电源的$\frac{1}{5}$，功率因数高达0.99，效率达到85%~95%，比传统焊接电源能够节能40%。响应速度达到微秒级，动特性好，焊接质量相比传统焊机有很大的提高。

**3.脉冲弧焊电源**

脉冲弧焊电源的焊接电流以低频调制脉冲方式输出，具有效率高，输入线能量较小，可在较宽范围内控制线能量等优点。主要用作气体保护焊、等离子弧焊，以及手工弧焊的电源，适用于热敏感性高的高合金材料、薄板，以及全位置焊接等场合。

**4.数字化弧焊电源**

随着大规模专用集成电路（ASIC）、数字信号处理器（DSP）及复杂可编程逻辑器件（CPLD）、现场可编程门陈列（FPGA）等新型半导体器件的发展，弧焊电源的控制电路已经由过去的分立元件、简单集成电路发展到以单片机、DSP、CPLD/FPGA为核心的数字化控制电路。

弧焊逆变电源采用数字化控制技术之后，解决了弧焊逆变电源自身问题，提升了弧焊逆变电源的功能，满足了先进制造技术的需求。数字化弧焊电源减少了控制元件数量，提高了系统抗干扰能力和系统稳定性。与模拟控制系统相比，数字化弧焊电源具有电源外特性可通过软件灵活控制，容易实现一机多用；对于自动焊机，可以增加焊接参数预置、记忆与再现等功能。

### 6.1.2　弧焊机器人的特点

用于弧焊的工业机器人的控制属于连续轨迹控制，机器人的运动轨迹的重复精度、焊枪姿态、焊接参数等都需要进行精确地控制。弧焊机器人应具有可靠的引弧和收弧功能，为了满足角焊缝的成形要求，弧焊机器人还应具有摆动的功能。另外，因为弧焊易发生粘丝、断丝等故障会损坏机器和工件，弧焊机器人必须具有实时检测，及自动停车、报警等功能。

### 6.1.3　工业机器人与焊接电源的集成

可用于弧焊的工业机器人的品牌和型号众多，焊接电源的种类和品牌也非常的多，不同的焊接电源与机器人的集成各不相同。

**1.Artsen PM/CM的机器人接口介绍**

深圳MEGMENT公司生产的Artsen PM/CM系列焊机是国产焊机的典型产品，其机器人机型可通过焊接电源背面的模拟接口和数字接口与机器人连接。

机器人数字接口航空插头的引脚顺序如图6-1所示,引脚定义见表6-2。

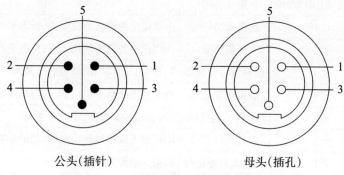

公头(插针) 母头(插孔)

图6-1　Artsen PM/CM 数字接口航空插头

表6-2　航空插头引脚定义

| 引脚编号 | 颜色 | 信号名称 | 功能 |
|---|---|---|---|
| 1 | 红(18AWG) | 24V电源 | 机器人电源信号 |
| 2 | 白(22AWG) | CAN_H信号线 | 通信线CAN_H |
| 3 | 黑(18AWG) | 地线 | 机器电源地 |
| 4 | 蓝(22AWG) | CAN_L信号线 | 通信线CAN_L |
| 5 | 屏蔽线(18AWG) | 屏蔽线 | 外壳PE |

模拟接口DB15端子引脚顺序如图6-2所示,引脚定义见表6-3。

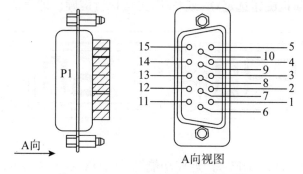

A向
A向视图

图6-2　Artsen PM/CM DB15端子引脚

表6-3　DB15通信端子引脚定义

| 引脚编号 | 通信线缆DB15颜色 | 信号名称 | 功能 |
|---|---|---|---|
| 1 | 黑1 | 24V电源 | 直流供电电源正极,由机器人提供给焊接电源 |
| 2 | 黑2 | 起弧信号 | 由机器人输出给焊接电源,低电平有效(默认) |
| 3 | 黑3 | 反向送丝信号 | 由机器人输出给焊接电源,低电平有效(默认) |

续表

| 引脚编号 | 通信线缆DB15颜色 | 信号名称 | 功能 |
|---|---|---|---|
| 4 | 棕1 | 起弧成功信号 | 由焊接电源输出给机器人,低电平有效(默认) |
| 5 | 棕2 | 准备信号 | 由焊接电源输出给机器人,低电平有效(默认) |
| 6 | 棕3 | 模拟信号公共地 | 7、13、14、15脚模拟信号的公共地 |
| 7 | 橙1 | 焊接电流信号 | 由焊接电源输出给机器人,反馈实际焊接电流值 |
| 8 | 橙2 | I/O信号公共地 | 1、2、3、4、9、11脚I/O信号公共地 |
| 9 | 橙3 | 点动送丝信号 | 由机器人输出给焊接电源,低电平有效(默认) |
| 10 | 紫1 | 机器人急停信号 | 机器人故障急停信号 |
| 11 | 紫2 | 气体检测信号 | 由机器人输出给焊接电源,低电平有效(默认) |
| 12 | 紫3 | 寻位信号 | 由焊接电源输出给机器人,低电平有效(默认) |
| 13 | 蓝1 | 给定电压信号 | 模拟信号,由机器人输出给焊接电源给定电压值 |
| 14 | 蓝2 | 给定电流信号 | 模拟信号,由机器人输出给焊接电源给定电流值 |
| 15 | 蓝3 | 焊接电压信号 | 模拟信号,由焊接电源输出给机器人,反馈实际焊接电压值 |

**2.Artsen PM/CM的机器人接口设置**

(1)机器人开关(FA0)。FA0是手工焊接电源与机器人焊接电源的切换开关,机器人焊接电源机型默认为ON,选择OFF则切换成手工焊模式。进入内部菜单后调节焊接电源面板旋钮至FA0,数码管的显示如图6-3所示。按执行键后右边数码管闪烁,旋动焊接电源面板旋钮选定ON或OFF,再按执行键确认即完成设置。

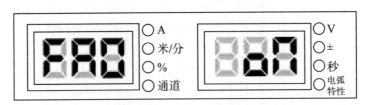

图6-3 FA0显示界面

(2)近控开关(FA1)。OFF为"近控功能"关闭,ON为"近控功能"打开。调节焊接电源面板旋钮至FA1,数码管的显示如图6-4所示。按执行键后右边数码管闪烁,通过焊接电源面板旋钮选择FA1状态,按执行键确认。

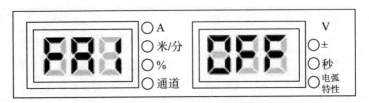

图6-4 FA1显示界面

(3)JOB切换时间(FA2)。用于控制切换JOB通道时电流电压的过渡时间,OFF默认时间为0.1秒。调节焊接电源面板旋钮至FA2,数码管的显示如图6-5所示。按执行键后右边数码管闪烁,通过焊接电源面板旋钮选择FA2数值范围,按执行键确认。

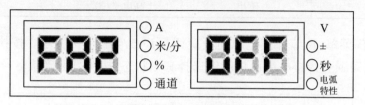

图6-5 FA2显示界面

(4)焊机MAC ID(FA3)。根据双方通信协议要求焊机设定的通信地址。调节焊接电源面板旋钮至FA3,数码管的显示如图6-6所示。按执行键后右边数码管闪烁,通过焊接电源面板旋钮选择FA3的数值范围,按执行键确认。

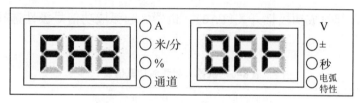

图6-6 焊机MAC ID显示界面

(5)机器人寻位信号极性选择(FA4)。机器人寻位信号极性选择开关详见表6-4。

表6-4 机器人寻位信号极性选择真值表

| 功能 | I/O类型 | 寻位成功 | 状态 |
| --- | --- | --- | --- |
| FA4 | 输出 | 低电平/"1" | OFF(默认) |
| | 输出 | 高电平/"0" | ON |

进入内部菜单,调节焊接电源面板旋钮至FA4,如图6-7所示。按执行键后右边数码管闪烁,可通过焊接电源面板旋钮选择FA4状态,按执行键确认。

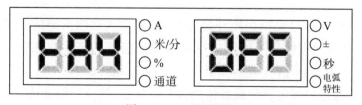

图6-7 FA4显示界面

(6)焊接电源准备就绪信号极性开关(FA5)。焊接电源准备就绪信号极性开关详见表6-5。

表6-5  焊接电源准备就绪信号真值表

| 功能 | I/O类型 | 准备就绪成功 | 状态 |
|---|---|---|---|
| FA5 | 输出 | 低电平/"1" | OFF（默认） |
| | 输出 | 高电平/"0" | ON |

进入内部菜单,调节焊接电源面板旋钮至FA5,如图6-8所示。按执行键后右边数码管闪烁,可通过焊接电源面板旋钮选择FA5状态,按执行键确认。

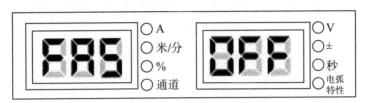

图6-8  FA5显示界面

(7)机器人起弧成功极性开关(FA6)。机器人起弧成功信号极性选择开关详见表6-6。

表6-6  机器人起弧成功真值表

| 功能 | I/O类型 | 起弧成功 | 状态 |
|---|---|---|---|
| FA5 | 输出 | 低电平/"1" | OFF（默认） |
| | 输出 | 高电平/"0" | ON |

进入内部菜单,调节焊接电源面板旋钮至FA6,如图6-9所示。按执行键后右边数码管闪烁,可通过焊接电源面板旋钮选择FA6状态,按执行键确认。

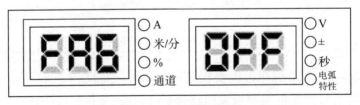

图6-9  FA6显示界面

(8)机器人给定信号类型切换开关(FA7)。机器人接收给定信号类型切换开关,有电流信号和送丝速度信号两种,OFF为接收电流信号,ON为接收送丝速度信号。

进入内部菜单,调节焊接电源面板旋钮至FA7,如图6-10所示。按执行键后右边数码管闪烁,可通过焊接电源面板旋钮选择FA7状态,按执行键确认。

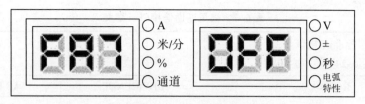

图6-10　FA7显示界面

(9)高压寻位切换开关(FA8)。高压寻位切换开关,当OFF时默认选择高压寻位,HI选择高压寻位,LO选择低压寻位,CLO关闭寻位功能。进入内部菜单,调节焊接电源面板旋钮至FA8,如图6-11所示。按执行键后右边数码管闪烁,可通过焊接电源面板旋钮选择FA8状态,按执行键确认。

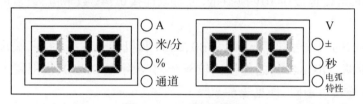

图6-11　FA8显示界面

(10)机器人通信协议选项(FA9)。机器人及通信协议选项,OFF默认为模拟口通信。

进入内部菜单,调节焊接电源面板旋钮至FA9,如图6-12所示。按执行键后右边数码管闪烁,可通过焊接电源面板旋钮选择FA9状态,按执行键确认。

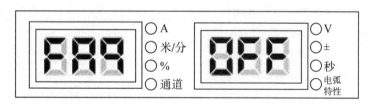

图6-12　FA9显示界面

### 3.Fronius焊机的机器人接口

奥地利福尼斯(Fronius)公司是欧洲著名的焊机制造商,主要生产TP系列手工焊机、TT/MW系列交/直流氩弧焊机、TPS系列MIG/MAG焊机、VST系列气保焊机、TIME TWIN双丝焊机、热丝TIG焊机、激光MIG焊机、FPA管焊机等产品。Fronius焊机已广泛应用到我国汽车、铁路机车、航天、造船、军工等高质量要求的行业,并呈快速增长趋势。

福尼斯焊接电源的通信接口分为标准I/O接口和总线接口,两类接口又根据焊机的类型和通信方式分成多种,详细如表6-7所示。

表6-7 福尼斯通信接口一览表

| 标准I/O接口<br>(数字0~24V/模拟0~10V) | 总线接口 | |
|---|---|---|
| ROB 3000 | DEVICENET | AB ProfiNet |
| ROB 4000 | INTERBUS | AB EtherNet |
| ROB 5000 | PROFIBUS | AB EtherCAT |
| ROB 50000C | CANOPEN | AB DeviceNet |

(1)标准I/O接口。标准I/O接品中的ROB3000是2位0/24V数字量接口,可同时连接4个信号;ROB4000为0~10V模拟量接口或0/24V数字量;ROB5000为模拟量和数字量兼用的接口,可以连接0~10V模拟量,也可以连接0/24V数字量,最多可同时连接99个信号。

Rob3000的输入信号包括起弧、JOB0、JOB1和机器人就绪/急停,输出信号为电流导通和电源就绪。ROB4000的连接比较复杂,有数字量DI/DO、模拟量AI/AO,对MIG焊和TIG焊的连接也不同,详见表6-8。

表6-8 福尼斯ROB4000信号

| | ROB400-MIG | ROB4000-TIG |
|---|---|---|
| 数字输入DI | Arc on(起弧)X2/4 | Arc on(起弧) |
| | Quick stop(紧急停止)X2/5 | Quick stop(紧急停止) |
| | Gas test(测气)X2/7 | Gas test(测气) |
| | Wire inch(点动送丝)X2/11 | Wire inch(点动送丝) |
| | Wire retract(点动焊丝回抽)X14/6 | Wire retract(点动焊丝回抽) |
| | Blow torch(焊枪清吹)X14/5 | Blow torch(焊枪清吹) |
| | Welding simulation(模拟焊接)X14/2 | Welding simulation(模拟焊接) |
| | Mode 0(操作模式选择)X2/6 | Mode 0(操作模式选择) |
| 数字输出DO | Current flow signal(焊接电流作用信号)X2/12 | Current flow signal(焊接电流作用信号) |
| | Collision pretection(碰撞传感信号)X2/13 | Collision pretection(碰撞传感信号) |
| | Power source ready(焊接准备就绪信号)X2/14 | Power source ready(焊接准备就绪信号) |
| 模拟输入AI | Welding power(焊接能量)X2/1.8 | Welding current(峰值/焊接电流) |
| | Arc length correction(弧长修下-电压)X2/2.9 | External parameter 1<br>(可选择某一内部菜单参数进行外控) |
| | Puls correction(脉冲修正-电感)X14/3.11 | Base current(基值电流) |
| 模拟输入AO | Welding curreng(焊接电流)X2/3.10 | Welding curreng(焊接电流) |

ROB5000包括了ROB4000的所有信号功能,还有如表6-9所示的其他信号功能。

表6-9　福尼斯ROB5000信号

| | ROB400-MIG | ROB4000-TIG |
|---|---|---|
| 数字输入DI | Mode 1(操作模式选择1)X8/1 | Mode 1(操作模式选择1) |
| | Mode 2(操作模式选择2)X8/2 | Mode 2(操作模式选择2) |
| | Source error reset(报警复位)X8/5 | Source error reset(报警复位) |
| | Tourch sensing(接触传感)X8/7 | Tourch sensing(接触传感) |
| | Bit 0(JOB/专家程序号选择)X11/1 | Bit 0(JOB/专家程序号选择) |
| | Bit 1(JOB/专家程序号选择)X11/2 | Bit 0(JOB/专家程序号选择) |
| | Bit 2(JOB/专家程序号选择)X11/3 | Bit 0(JOB/专家程序号选择) |
| | Bit 3(JOB/专家程序号选择)X11/4 | Bit 0(JOB/专家程序号选择) |
| | Bit4(JOB/专家程序号选择)X11/5 | Bit 0(JOB/专家程序号选择) |
| | Bit5(JOB/专家程序号选择)X11/6 | Bit 0(JOB/专家程序号选择) |
| | Bit 6(JOB/专家程序号选择)X11/7 | Bit 0(JOB/专家程序号选择) |
| | Bit 7(JOB/专家程序号选择)X11/8 | Bit 0(JOB/专家程序号选择) |
| 数字输出DO | Main Current signal(主焊接电流作用信号)X8/9 | Main Current signal(主焊接电流作用信号) |
| | Process active signal(焊接程序执行信号)X8/10 | Process active signal(焊接程序执行信号) |
| 模拟输入AI | Burn back correction(回烧时间修正)X5/,.8 | Duty cycle(占空比) |
| | | External parameter 2(送丝速度) |
| | | Arc length analog input(AVC用) |
| 模拟输入AO | Welding voltage(焊接电压)X5/4,11 | Welding voltage(焊接电压) |
| | Wire feed speed (送丝速度)X5/6,13 | Wire feed speed(送丝速度) |
| | Motor current(送丝机马达电流)X5/7,14 | Motor current(送丝机马达电流) |
| | | Arc length analog output(AVC用) |

（2）总线接口DeviceNet。DeviceNet连接简单，功能开放程度高，提供所有上述ROB5000接口所能提供的信号，总共有96个输入输出信号，如表6-10~6-14所示。

表6-10　DeviceNet MIG常用输入信号

| Power source | Remarks | Range | Activity | Power source | Remarks | Range | Activity |
|---|---|---|---|---|---|---|---|
| E01 | Welding | – | High | Power(command valve) | | 0~65535 | 0%~100% |
| E02 | Robot Ready | – | High | E33-E40 | –Low byte | – | – |
| E03 | B4 0 operating modes | – | High | E41-E48 | –High byte | – | – |

续表

| Power source | Remarks | Range | Activity | Power source | Remarks | Range | Activity |
|---|---|---|---|---|---|---|---|
| E04 | B4 1 operating modes | – | High | Arc length correction (command value) | | 0–65535 | –30%~30% |
| E05 | B4 2 operating modes | – | High | E49–E56 | –Low byte | – | – |
| E06 | Master selection twin | – | High | E57–E64 | –High byte | – | – |
| E07 | Not in use | – | – | E65–E72 | Pulse/dynamic corretion (command value) 0–255 | | –5%~+5% |
| E08 | Not in use | – | – | E73–E80 | Burn–back (command value) | 0–255 | –200~ +200ms |
| E09 | Gas test | – | High | E81 | Synchro/Puls disable | – | High |
| E10 | Wire inching | – | High | E82 | SF1 disable | – | High |
| E11 | Wire retract | – | High | E83 | Pulse/dynamic correction disable | – | High |
| E12 | Source errox reset | – | High | E84 | Burn–back disable | – | High |
| E13 | Touch sensing | – | High | E85 | Full power range (0–30m) | – | High |
| E14 | Torch blow through | – | High | E86–E96 | Not in use | – | – |
| E15 | Not in use | – | – | | | | |
| E16 | Not in use | – | – | | | | |
| E17–E24 | Job number | – | 0–99 | | | | |
| E25–E31 | Program number | | 0–127 | | | | |
| With RCU 5000i remote control unit and in job mode | | | | | | | |
| E17–E31 | Job number | – | 0–999 | | | | |
| E32 | Welding simutation | – | High | | | | |

表6-11　DeviceNet MIG 操作信号一览表

| Operating mode | E05 | E04 | E03 |
|---|---|---|---|
| Program standard | 0 | 0 | 0 |
| Program Pulsed-arc | 0 | 0 | 1 |
| Job mode | 0 | 1 | 0 |
| Parameter selection internally | 0 | 1 | 1 |
| Manual | 1 | 0 | 0 |
| CC/CV | 1 | 0 | 1 |
| TIG | 1 | 1 | 0 |
| CMT/special process | 1 | 1 | 1 |

表6-12　DeviceNet MIG 常出输出信号

| Power source | Remarks | Range | Activity | Power source | Remarks | Range | Activity |
|---|---|---|---|---|---|---|---|
| A01 | Arc Stable | – | High | A29 | Timeout short circuit | – | High |
| A02 | Limit signal (only with RCU5000) | – | High | A30 | Data documentation ready | – | High |
| A03 | Process active | – | High | A31 | Not in use | – | – |
| A04 | Man current signal | – | High | A32 | Power outside range | – | – |
| A05 | Torch colision protection | – | High | | Welding voltage | 0~65535 | 0~100V |
| A06 | Power source ready | – | High | A33–A40 | –Low byte | – | – |
| A07 | Communication reday | – | High | A41–A48 | –High byte | – | – |
| A08 | Spare | – | – | | Welding voltage (real value) | 0~65535 | 0~1000A |
| A09–A16 | Error number | – | 0–255 | A49–A56 | –Low byte | – | – |
| A17–A24 | Not in use | | – | A57–A64 | –High byte | – | – |
| A25 | Wire stick control(wire released from weldpool) | | High | A65–A72 | Motor speed(real value) | 0~255 | 0~5A |
| A26 | Not in use | – | – | A73–A80 | Not in use | – | – |
| A27 | Robot access(only with RCU5000i) | | High | A81–A88 | Wire speed(real value) | 0~65535 | 0~vD |
| A28 | Wire avalable | | High | A89–A96 | –Low byte | – | – |
| | | – | – | | –High byte | – | – |

表6-13 DeviceNet TIG 常用输入信号

| Power source | Remarks | Range | Activity | | Power source | Remarks | Range | Activity |
|---|---|---|---|---|---|---|---|---|
| E01 | Welding | – | High | | E25 | DC/AC | – | High |
| E02 | Robot Ready | – | High | | E26 | DC–/DC+ | – | High |
| E03 | B4 0 operating modes | – | High | | E27 | Cap shaping | – | High |
| E04 | B4 1 operating modes | – | High | | E28 | Pulse disable | – | High |
| E05 | B4 2 operating modes | – | High | | E29 | Pulse range bit 0 | – | High |
| E06 | Master selection twin | – | High | | E30 | Pulse range bit 1 | – | High |
| E07 | Not in use | – | – | | E31 | Pulse range bit 2 | – | High |
| E08 | Not in use | – | – | | E32 | Welding simulation | – | High |
| E09 | Gas test | – | High | | Main current (command value) | | 0~65535 | 0~1 |
| E10 | Wire inching | – | High | | E33–E40 | –Low byte | – | – |
| E11 | Wire retract | – | High | | E41–E48 | –High byte | – | – |
| E12 | Source errox reset | – | High | | External parameter (command value) | | 0~65535 | |
| E13 | Touch sensing | – | High | | E49–E56 | –Low byte | – | – |
| E14 | Cold wire disable | – | High | | E57–E64 | –High byte | – | – |
| E15 | Not in use | – | – | | E65–E72 | Base current (command value) | 0~255 | 0%~100% |
| E16 | Not in use | – | – | | E73–E80 | Duty cycle (command value) | 0~255 | 10%~90% |
| E17–E24 | Job number | – | 0–99 | | E81 | Not in use | – | – |
| Operating mode | | E31 | E30 | E29 | E82 | Not in use | – | – |
| Set putsing range on the power source | | 0 | 0 | 0 | E83 | Base current disable | – | High |
| Pulse setting range deact/vated | | 0 | 0 | 1 | E84 | Duty cycle disable | – | High |
| 02–2Hz | | 0 | 1 | 0 | E85–E86 | Not in use | – | – |
| 2–20Hz | | 0 | 1 | 1 | E87–E96 | Wire speed Wfi (command value) | 0~1023 | 0~vD |
| 20–200Hz | | 1 | 0 | 0 | | | | |
| 200–2000Hz | | 1 | 0 | 1 | | | | |

表6-14　DeviceNet TIG 常出输出信号

| Power source | Remarks | Range | Activity | Power source | Remarks | Range | Activity |
|---|---|---|---|---|---|---|---|
| A01 | Arc Stable | – | High | A29 | Not in use | – | – |
| A02 | Not in use | – | High | A30 | Not in use | – | – |
| A03 | Process active | – | High | A31 | Pulse high | – | High |
| A04 | Main current signal | – | High | A32 | Not in use | – | – |
| A05 | Torch colision protection | – | High | Welding voltage(real value) | | 0~65535 | 0~100V |
| A06 | Power source ready | – | High | A33–A40 | –Low byte | – | – |
| A07 | Communication reday | – | High | A41–A48 | –High byte | – | – |
| A08 | Spare | | | Welding current (real value) | | 0~255 | 0~5A |
| A09–A16 | Error number | – | 0~255 | A49–A56 | –Low byte | – | – |
| A17–A24 | Not in use | – | – | A57–A64 | –High byte | – | – |
| A25 | Not in use | – | – | A65–A72 | Motor speed(real value) | 0~255 | 0~vD |
| A26 | High frequency active | – | High | A73–A80 | Arc length(real value)(AVC) | 0~255 | – |
| A27 | Not in use | – | – | Wire speed(real value) | | 0~65535 | 0~vD |
| A28 | Wire avalable | | High | A81–A88 | –Low byte | – | – |
| | – | – | | A89–A96 | –High byte | – | – |

（3）以太网接口 Fronius-Motoman。Fronius-Motoman 接口接受以太网接口协议，通过机器人的示教器对焊机进行全面控制，一台机器人控制器可同时控制2台焊机。焊机可方便地通过标准的以太网组网，实现网络化管理、质量监控，适合于所有Fronius全数字化TPS系列焊机。

**4.KUKA机器人DEVICENET主站通信配置**

下面以KUKA机器人与芬兰肯比（KEMPPI）焊机的DEVICENET通信设置为例，阐述其一般设置过程。

（1）准备1条4芯屏蔽线作为通信信号线，并在两端套上线号管。

（2）设置焊机通信板上的物理地址和比特率。焊机通信板上8位DPI开关的第1、2位用于设置比特率，3至8位用于设置通信地址。肯比焊机的比特率为500Kbps，拔下DPI开关的第1位即完成设置。DPI开关的第8、7、6、5、4、3位分别对应1、2、4、8、

16、32,假设通信地址为45,45=32+8+4+1,则拔下DPI开关的第3、5、6、8位即可完成通信物理地址的设置。

(3)将套好线号的通信线与机器人的DEVICENET接口连接,线号3接屏蔽层,线号2至4分别连接一只300Ω的电阻。

(4)准备好已完成通信设置的备份,打开电脑与机器人通信,找到机器人的EIO,将电脑中备份的EIO打开,复制与焊机通信相关的部分,安装到机器人的EIO中。复制时应特别确认备份中的地址与实际拔码相符,重启后打开I/O单元检测通信是否正确。

在完成焊机与机器人的通信设置后,进行焊机的设置。下面以肯比脉冲350焊机为例说明设置过程:

(1)打开焊机电源,按"菜单(MENU)"键,再按"确定"键。当出现"焊接规范选择(EDIT CHANNEL1)时,转动旋钮选择需要存储的程序号,如"EDIT CHANNEL1:1",选定后按"确认"键进入下一菜单。

(2)选择新建焊接规范(CREATE NEW),按下确认键进入下一菜单。

(3)根据所需要焊接的母材选择合适的焊接形式,如MIG、PULSE MIG、DOUBEL PULSE MIG,选择完成后按确认进入下一菜单。

(4)选择焊接母材的材质,如FE(铁、碳钢)、SS(不锈钢)、AL(铝)等,完成后按确定进入下一菜单。

(5)选择焊丝直径,确认后进入下一菜单。

(6)选择保护气的配比,确认后进入下一菜单。

(7)选择标准焊接规范,确认后进入下一菜单。

(8)根据实际的条件选择合适的送丝速度后,就完成了焊机的设置。

## 6.2 焊接自动化工装与焊接系统的集成控制

机器人自动化焊接工装需要在中央控制器的管理下,将工业机器人、焊机、焊枪、变位机、送丝机,以及其他辅助设备进行统一控制和管理,通过人机控制面板输入和设置焊接工艺参数,实现全自动焊接。下面以一个"双工位自动焊接机"为例进行说明。

该焊接机能够实现全自动定位焊枪、双变位机自动交替定位待焊接的法兰管,并采用连续焊接方式完成法兰管的连续焊接。该焊接机设计有自动焊接、手动焊接和单循环焊接3种工作模式。自动焊接模式在选定好工件型号及参数后,可实现全程自动焊接并重复执行;手动焊接用于对工件进行分步点动焊接,也常用于系统调试时确认不同型号工件需要的焊接参数;单循环焊接常用于对工件进行单次焊接操作使用。

根据以上焊接功能要求,其控制应实现PLC对各步进电机、伺服电机等设备的启停、位置控制,人机界面则用于指令的发送及对硬件实时状态的监测,如图6-13所示。

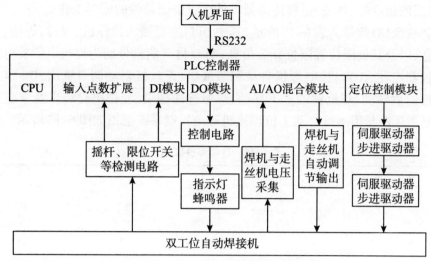

图6-13　双工位自动焊接机控制系统

### 6.2.1　硬件选型及控制系统功能设计

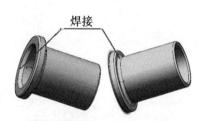

图6-14　管与法兰焊缝位置示意

根据该控制系统的结构及可靠性要求,选择内置 RS-232和RS-485双通信口的台达DVP64EH3型PLC作为控制系统的硬件,同时配用台达DOP—B07PS415型人机界面及定位模块、模拟混合输入输出模块和输入点扩展模块。

管与法兰焊缝位置示意如图6-14所示。根据自动焊接机的功能需求,焊枪的移动定位由 $X$、$Y$、$Z$ 多轴传动系统精确控制。其中,焊枪臂采用伸缩机构可提高焊接通用性和速度,采用交流伺服电机闭环控制方式可以提高控制精度。焊枪角度微调的精度要求也较高,因此,选择伺服电机做闭环控制。双变位机在 $X$ 轴上左右运动,其焊接角度由变位机翻转控制。每个变位机的自转和翻转由2个直流电机控制,其精度要求较高,也采用交流伺服电机做闭环控制。焊枪定位还需焊接操作机与焊枪臂做上下1000mm,前后600mm运动,由于精度要求不高,可采用2个步进电机做开环控制。此外,焊枪臂整体还需做一定角度摆动,同样选用步进电机作开环控制即可达到控制要求。

### 6.2.2　总体控制方案

双工位自动焊接机控制系统主要由PLC、触摸屏和伺服系统、步进电机控制系统等构成,配备模拟量输入输出混合模块、输入点数扩展模块、单轴定位模块等实现整个系统的正常运转。触摸屏是系统的显示及输入单元,同时显示当前及历史故障报警信息。PLC是系统的控制核心,从触摸屏得到工作模式、型号选择等指令,经过运算分析后将指令传送到各个控制单元。为保障焊接的正常安全生产,还需要继电器、蜂鸣器、三色指示灯、开关、位移传感器等外围设备或部件的同时工作。

控制系统I/O数量如表6-15所示,其中DI口主要输入操作机、焊臂、焊枪、变位机动作信息,以及其极限位置限位开关信息;AI口输入信息分别为焊机电位器电压与走丝机电位器电压;AO口控制焊机自动调节输出,走丝机自动调节输出;DO口主要控制操作机前后移动、焊枪臂的上下移动、焊枪臂的摆动、变位机自传以及卡盘、焊机、走丝机电源通断与指示灯。双工位焊接机运动控制系统框图如图6-15所示。

表6-15　自动焊接机I/O

| 输入输出规格 | 点数 |
| --- | --- |
| DI | 50 |
| AI | 2 |
| AO | 2 |
| DO | 1+ |

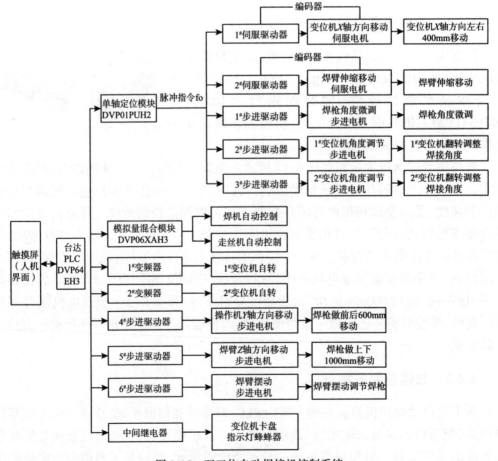

图6-15　双工位自动焊接机控制系统

需要进行人机信息交流的场合均需要配置人机界面,以完成指令发送和设备运行情况监控。本系统采用的台达 DVP64EH3 型 PLC 与人机界面均具有 RS-232 串行通信功能,通信端口为 COM2。PLC 与触摸屏通信速率均设置为 9600B,数据位设置为 7Bit/s,停止位设置为 lBit/s,PLC 与触摸屏的通信接线如表6-16所示。

**表6-16 自动焊接机触摸屏与PLC通信接线**

| DOP触摸屏接线端 | PLC接线端 |
|---|---|
| RXD(2) | (5)TXD |
| TXD(3) | (4)RXD |
| GND(5) | (8)GND |

### 6.2.3 PLC控制程序设计

#### 1.控制程序设计

双工位自动焊接机的 PLC 程序是其控制系统的核心,自动焊接机控制系统输入输出的数字量和模拟量较多。因此,软件设计时必须先规范输入量输出量符号。该自动焊接机主要具有自动、手动、单循环 3 种模式,需将程序分为不同模块进行设计。PLC 的初始化程序是 PLC 上电时自动执行的程序,主要是为后面程序的运行做准备工作,然后进入正常运行状态。根据焊接机的控制要求,起协调控制作用的主程序流程如图6-16所示。

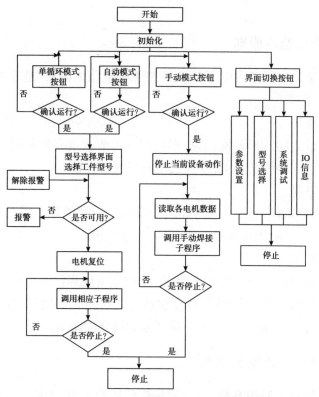

图6-16 双工位自动焊接机PLC程序流程

为保证焊接设备正常与安全运转,不但设计了报警功能模块与报警清除功能,还在控制面板上设置有急停开关。如在焊接过程中遇到紧急情况,应按下急停开关焊接设备立即停止当前所有动作,保证人员及设备安全。

**2.触摸屏界面设计**

为实现焊接系统的人机交互与监控,可基于台达DOPSoft软件设计人机交互界面。常用的人机界面设计有菜单界面和图形界面两种,界面主要内容包括:

(1)运行控制界面(主界面)。主要用于选择焊接操作模式、显示I/O信息,以及控制系统的运行与停止;

(2)参数设置界面。主要用于设置焊接系统的各种工艺参数;

(3)系统调试界面。用于系统的安装与调试、维护,一般不对用户开放;

(4)型号选择界面。用于选择不同型号的焊机、机器人等。

对于自动焊接系统的操作与监控界面更复杂一些,主要包括登录界面、主界面、系统调试界面、参数设置界面、型号选择界面和报警信息界面等。主界面应有自动模式、手动模式、单循环模式等3种焊接模式选择按钮,以及复位按钮。主界面为系统初始化后的默认界面,其他界面一般采用画面切换的方式显示。

# 6.3 焊接机器人与变位机的集成控制

## 6.3.1 变位机选用原则

焊接变位机选型主要考虑以下3点:一是工件适用原则,二是方便焊接原则,三是容易操作原则。

**1.工件适用原则**

不同的结构件之间外形差别很大,焊接时变位需求也有所不同。因此,应根据焊接结构件的结构特点和焊接要求,选择适用的焊接变位机。

**2.方便焊接原则**

根据手工焊接作业状况,所选的焊接变位机要能把被焊工件的任意一条焊缝转到平焊或船焊位置,以避免立焊和仰焊,保证焊接质量。

**3.容易操作原则**

选择安全可靠、开敞性好、操作高度低、结构紧凑的焊接变位机,以便于工人操作和焊接变位机的摆放。若焊接结构件变位机的焊接操作高度较高,工人或通过垫高的方式进行焊接,也可通配装过液压升降台来进行高度调节。

## 6.3.2 变位机集成控制技术

早期的焊接机器人应用系统,由于焊接构件较为简单,不使用变位机或使用独立于机器人运动的变位机就可满足焊接姿态要求,而国内以前的焊接机器人研究大多注重机器人本体的研究,通常采用单机器人工作站。但随着应用的深入,原先较为简单的机器人系统要转为生产较复杂的零件,没有与其协调运动的变位机就难以保证正确的焊接姿态要求。因此,变位机和机器人的协调运动控制变得极为重要。

在变位机集成控制方面,通常是将变位机和机器人作为一个整体,采用一个具有协调控制功能的控制系统进行统一控制,早期的单机器人应用系统另外加配独立的变位机并不适用。因此,将原有的单机器人系统改造成具有与独立变位机协调运动的作业系统,从而降低投资成本,成为不少企业的现实需求。由于加配的独立变位机通常采用独立于原机器人系统的控制器,如何解决二者之间的协调问题,成为解决此需求的关键。

对于一般的直线焊接来说,只需将变位机转动至合适的位置,机器人再去焊接就可以了,但是对于圆弧等复杂的曲线焊接,则需机器人与变位机的协调作业。因此,对于直线焊接,采取独立控制的方式来控制变位机和机器人运动;而对于圆弧焊接,则是依据一定的算法控制机器人和变位机协调运动。

对于空间圆弧的协调焊接,则以直线焊接和圆弧焊接作业系统为基础,应用中间示教点处平滑过度的算法,完成这种焊接的协调控制。在实现空间圆弧焊接的变位机与机器人协调控制过程中,其技术过程如下:

(1)研究机器人与变位机的协调运动控制算法。以机器人坐标系、世界坐标系等各坐标系间坐标变换的方法为基础,分析焊接时机器人焊枪与焊缝间的约束关系,从而给出了圆弧焊接时机器人和变位机的空间运动表达式。

(2)变位机圆滑运动及机器人运动的简化控制。为使变位机的运动平稳,一般改进的三次埃尔米特插值算法拟合了变位机的运动轨迹,实现了圆弧焊接时中间示教点的圆滑过渡。

同时,可采用小线段拟合的方法,将机器人的空间运动轨迹分割成了一个个小段,这样减少了传给机器人的控制点数,有利于实现机器人的实时控制。

(3)协调机制的制定。机器人与变位机的运动通常分为异步、同步和协调三种,通过不同的I/O口来区分三种运动。其中,异步是指同一时间,只有机器人或变位机之一在运动;同步是指变位机和机器人同时在运动,但无配合;协调是指机器人和变位机按一定的姿态关系配合运动。机器人协调控制点则是在该运动之前通过串口传给机器人。

(4)示教文件和加工文件的文件结构的设计。示教时通过机器人内部的注释信息功能保存运动的类型及变位机的速度,并在变位机控制器上另建文件,保存与机器人对应的变位机位置信息;加工前,按照上述的简化控制算法生成了机器人和变位机加工文件,并在执行时,分别由机器人和变位机控制器解析执行。

(5)多任务机制的实现。引入多任务调度机制,在不影响系统运动的前提下,实现变位机控制和机器人数据传输的同步。

### 6.3.3 I/O 资源的使用

机器人 I/O 资源包括通用 I/O、特殊 I/O 等。其中,通用 I/O 用于变位机交互控制,特殊 I/O 则用于采集机器人的状态,如报警、出错等,以方便变位机做出相应处理。

机器人特殊 I/O 口为机器人留有的一些接口可用于外界读取机器人状态,或设置机器人状态的接口。机器人通用 I/O 接口在示教时,用于变位机的运动控制和变位机示教信息的记录与修改,运行时则用作运动发起与停止的握手通道。

## 6.4 焊接机器人与其他外部设备的集成控制

焊接机器人系统的外部设备因不同的焊接功能要求而千差万别,但焊枪是机器人焊接的必备设备。下面以 FANUC 工业机器人伺服焊枪的设置和焊机通信为例进行说明。在进行设置之前必须在工业机器人控制系统安装对应的焊接功能包,本例所用工业机器人焊接功能包为 FANUC 机器人的用于铝合金焊接的伺服焊枪功能包(1A05B-2500-J982!ServoTorch for Alumi)。与工业机器人配套的焊机也应安装相应的软件包,本例所用的焊机软件包为林肯焊机的 1A05B-2500-J982!Lincoln Asia pack。

### 6.4.1 设定伺服焊炬轴

开启 FANUC 机器人并同时按住 PREV+NEXT,进入控制启动模式。按下菜单 MENU 中的第 9 项 MAINTENANCE,出现如图 6-17 所示的界面。

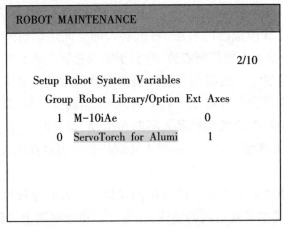

图 6-17　MAINTENANCE 界面

移动光标至"ServoTorch for Alumi",按下 F4 MANUAL,出现如图 6-18 所示的界面。

```
------Setup Servo Torch axis----------

                  FSSB    AXIS    AMP
ServoTorch 1       1       7       2
ServoTorch 2      ****    ****    ****
ServoTorch 3      ****    ****    ****
ServoTorch 4      ****    ****    ****
Select Setup type
(0::Exit    1: Normal   2:ISDT Direct)
Setup type?
```

图6-18　Setup Servo Torch axis 界面

根据要求,对伺服焊炬轴进行如图6-19所示的设置。

```
Servo Torch 4  ****      ****    ****
Select Setup type
(0：Exit    1: Normal    2: ISDT Direct  )


Setuo type? 1


Enter number of axes（1-4)? : 1


Servo Torch 1
Enter FSSB number（1-3)? : 1
```

图6-19　伺服焊炬参数设备界面

设置完成后,对机器人进行冷启动,回到一般模式。

## 6.4.2　焊机通信设置

焊机数字化通信设置

(1)将Devicenet板上带有闪电符的"拨码开关"拨成ON,其余"拨码开关"均拨成OFF,完成林肯焊机的拨码开关设定。

(2)开启机器人并同时按住TP上的PREV+NEXT键,进入控制启动模式,指定焊机厂家和通信方式,如图6-20所示。

把第六项Manufacturer(焊机厂家)设为General Purpose(一般厂家),并按下TP上的FCTN(功能辅助键),选择第一项START(COLD),进行冷启动,回到一般模式。使得机器人能对Devicenet板进行扫描,并清除焊接I/O的端口分配。

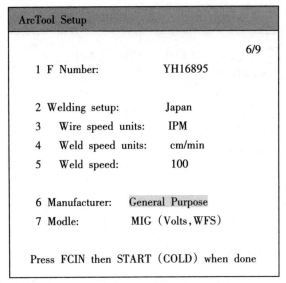

图 6-20　焊机厂家和通信方式设定界面

（3）重启机器人并同时按住 TP 上的 PREV+NEXT 键，重新进入控制启动模式，如图 6-21 所示。

第六项 Manufacturer 用于指定焊机厂家，第七项 Modle 用于指定焊机的通信方式。进行冷启动，回到一般模式。

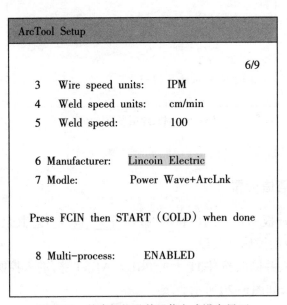

图 6-21　林肯焊机及其通信方式设定界面

（4）判断焊机通信是否成功：按下 Deadman（使能键），并按下 RESET（复位键）。如果焊机通信成功，TP 显示器顶部会发生如图 6-22 所示的变化。

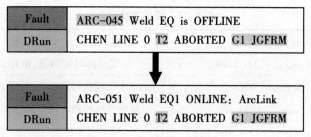

图6-22　焊机通信成功标志

### 6.4.3　设定焊接装置

按下MENU—SETUP—WeldEquip，出现如图6-23所示的画面。

```
SETUP Weld Equip
                                            5/20
Feeder: servo Torch
  5  Wire size:           1.2  mm
  6  Wire material : Aluminum
  7  Wire feed speed units:      IPM
  8  WIRE+ WIRE- speed:      50      IPM
  9  Feed forward/backward:   ENABLED
 10  Wire stick reset:        ENABLED
 11  Wire stick reset tries:   1
 12  Servo Torc（DISABLEO）
                                           19/20
Timing:
 13  Arc start errotr time:    2.00   sec
 14  Arc detect time:         0.005  sec
 15  Arc loss error time:     0.25   sec
 16  Gas detect time:         0.05   sec
 17  Gas purge time:          1.00   sec
 18  Gas preflow time:        1.00   sec
 19  Gas postflow time:       0.50  sec

 20  Strick wire feed speed: 49    IPM
```

图6-23　焊接装置设定界面

移动光标到第5项Wire size，选择焊丝直径；移动光标到第6项Wire material选择焊丝材质；移动光标至第12项Servo Torc（DISABLEO），按下TP上的ENTER键，出现13-20项画面所示的推荐的参数，各个参数的说明如表6-17所示。

表6-17　焊接参数说明

| | |
|---|---|
| 13 Arc start error time： 2.00 sec | 电弧启动误差时间,推荐设置为2秒 |
| 14 Arc detect time： 0.005 sec | 电弧检测时间间隔,推荐设置为0.005秒 |
| 15 Arc loss error time： 0.25 sec | 电弧损耗误差时间,推荐设置为0.25秒 |
| 16 Gas detect time： 0.05 sec | 保护气体检测时间间隔,推荐设置为0.05秒 |
| 17 Gas purge time： 1.00 sec | 保护气体冲洗时间,推荐设置为1秒 |
| 18 Gas preflow time： 1.00 sec | 保护气体提前送气时间,推荐设置为1秒 |
| 19 Gas postflow time： 0.50 sec | 保护气体延迟断气时间,推荐设置为0.5秒 |
| 20 Strick wire feed speed： 49 IPM | 送丝速度,推荐设置为49英寸/分 |

为了使铝合金焊接取得较好的保护效果,需要对保护气体进行控制。移动移动光标至第18项Gas preflow time(提前送气),一般设为1~3s。移动光标至第19项Gas postflow time(滞后送气),一般设为0.5~2s。焊接装置设定正确完成后,伺服焊枪即可进行正常送丝。

### 6.4.4　设定焊接信号

伺服枪的送丝和送气均由机器人单方控制,与焊机通信是否成功无关。因此,焊机通信成功后,保护气体控制信号未被自动分配。按下MEN U—I/O—Weld,出现如图6-24所示界面。

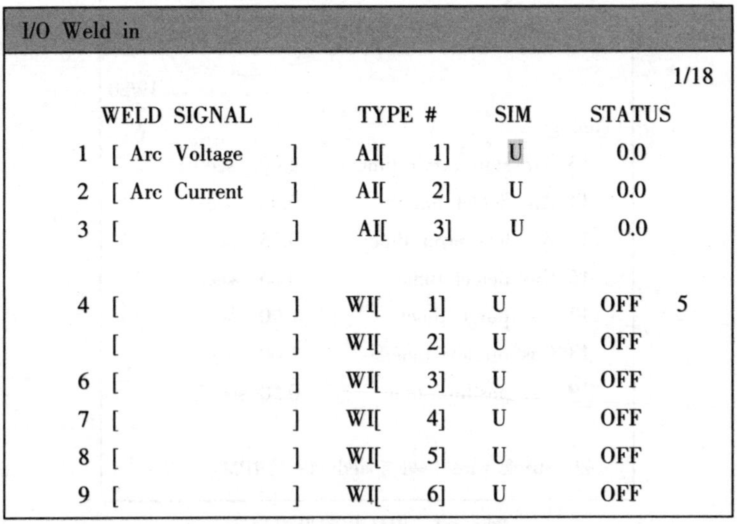

```
I/O  Weld  in

                                                        1/18
        WELD SIGNAL          TYPE #      SIM      STATUS
    1  [ Arc  Voltage    ]   AI[    1]    U        0.0
    2  [ Arc  Current    ]   AI[    2]    U        0.0
    3  [                 ]   AI[    3]    U        0.0

    4  [                 ]   WI[    1]    U        OFF    5
       [                 ]   WI[    2]    U        OFF
    6  [                 ]   WI[    3]    U        OFF
    7  [                 ]   WI[    4]    U        OFF
    8  [                 ]   WI[    5]    U        OFF
    9  [                 ]   WI[    6]    U        OFF
```

图6-24　焊接I/O信号设置界面

按下F3 IN/OUT,切换到焊接输出信号画面,找到Gas Start信号,点击CONFIG打开交互界面,对Gas Start信号进行分配。移动光标至TYPE处,按下CHOISE选择信号类型,再移动光标到中括号处,使用TP上的数字键直接输入信号编号。

### 6.4.5 负载设定

**1.负载设定的必要性**

由于伺服焊枪具有一定的重量(约为5kg),需要进行负载设定以提高机器人的动作性能,减少振动,改善循环时间,更加有效地发挥与动力学相关的功能,提高冲撞检测功能和重力补偿功能。

**2.负载设定的步骤**

(1)将机器人移动至合适位置。一般情况下,建议把机器人移动到J1轴0°,J2轴0°,J3轴0°,J4轴0°,J5轴-90°,J6轴0°的位置。

(2)按下MENU—SYSTEM—Motion,出现如图6-25所示的画面。

```
MOTION PERFORMANCE              JOINT   10%

       Group1

No.          PAYLOAD[kg]           Comment

 1              0.00         [                    ]
 2              0.00         [                    ]
 3              0.00         [                    ]
 4              0.00         [                    ]
 5              0.00         [                    ]
 6              0.00         [                    ]
 7              0.00         [                    ]
 8              0.00         [                    ]
 9              0.00         [                    ]
10              0.00         [                    ]

Active  PAYLOAD   number=0
[ TYPE ]    GROUP  DETAIL   ARMLOAD    SETIND >
```

图6-25  MOTION PERFORMANCE设置画面

(3)移动光标至需要设定的负载条件编号,按下F2 DETAIL,出现如图6-26所示的画面。

```
┌─────────────────────────────────────────────┐
│ MOTION PERFORMANCE              JOINT  10%    │
│                                               │
│      Group1                                   │
│ 1 Schedule No.  [   1]:  [*******************] │
│ 2 PAYLOAD            [kg]               0.00  │
│ 3 PAYLOAD CENTER X   [cm]               0.00  │
│ 4 PAYLOAD CENTER Y   [cm]               0.00  │
│ 5 PAYLOAD CENTER Z   [cm]               0.00  │
│ 6 PAYLOAD INERTIA X  [kgfcms∧2]         0.00  │
│ 7 PAYLOAD INERTIA Y  [kgfcms∧2]         0.00  │
│ 8 PAYLOAD INERTIA Z  [kgfcms∧2]         0.00  │
│ [ TYPE ]   GROUP  NUMBER   DEFAULT   HELP     │
└─────────────────────────────────────────────┘
```

图6-26  MOTION/PAYLOAD SET画面

移动光标到第2项PAYLOAD处,使用TP上的数字键输入伺服枪的重量,再按下PREV键,返回上一画面。

(4)按下NEXT,并按下F2(IDENT),出现如图6-27所示的负载推定画面。

```
┌─────────────────────────────────────────────┐
│ MOTION PERFORMANCE              JOINT  10%    │
│                                               │
│       Group1                                  │
│       Schedule  No     [  ] :[        ]       │
│  1 PAYLOAD  ESTIMATION              *****     │
│     Previous Estimated value(Maximum)         │
│   P ayload [kg    ] :  0.00(165.00)           │
│   Axis Moment [    Nm]                         │
│      J4 :  0.00E+00        (9.02E+02)         │
│      J5 :  0.00E+00        (9.02E+02)         │
│      J6 :  0.00E+00        (4.41E+02)         │
│   Axis Inertia  [kgfcms∧2]                    │
│      J4 :  0.00E+00        (8.82E+05)         │
│      J5 :  0.00E+00        (8.82E+05)         │
│      J6 :  0.00E+00        (4.41E+05)         │
│                                               │
│  2 MASS IS KNOWN  [  NO] 165.00[kg]           │
│                                               │
│  3 CALIDRTION MODE          [OFF]             │
│  4 CALIDRTION STATUS        *****             │
│                                               │
│  TYPE  1    GROUP  NUMBER  EXEC   APPLY  >     │
└─────────────────────────────────────────────┘
```

图6-27  负载推定画面

在已经知道要推定的负载重量的情况下,将光标移动到第2行,选择"YES",并指定重量值。

(5)按下NEXT(下一页),并按下F4 DETAIL,出现推定位置1画面,如图6-28所示。

```
MOTION PERFORMANCE                    JOINT   10%

    Group1

    1   POSITION for ESTIMATION          POSITION1
        J1                        <*************>
        J2                        <*************>
        J3                        <*************>
        J4                        <*************>
    2   J5                        <       -90.000>
    3   J6                        <       -90.000>
        J7                        <*************>
        J8                        <*************>
        J9                        <*************>
    4   SPEED    Low<  1%>        High<100%>
    5   ACCEL    Low<100%>        High<100%>



    [ TYPE ]    POS.2    DEFAULT    MOVE_TO   RECORD
```

图6-28 推定位置1画面

推定位置1建议使用如图6-28所示的位置即可。如果由于实际需要,需要改变推定位置1,可使用TP上的数字键直接输入。如果想使用推定位置2,按下F2 POS.2,进入推定位置2设定画面,其设定方法与推定位置1一样。

(6)按下SHIFT+F4(MOVE_TO),机器人移动到推定位置1。

(7)按下PREV键,返回负载推定画面。将TP置成OFF,控制柜模式选择开关置成AUTO模式,按下F4 EXEC键执行负载推定程序。在执行程序时应注意使机器人避免碰撞,保护好机器人。

(8)负载推定程序执行完成后,将TP置成ON。按下F5 APPLY键,将所推定的值设定在负载条件编号中,完成负载推定。

(9)FANUC伺服焊枪的负载推定结果大致如图6-29所示。

```
MOTION   PAYLOAD   SET
Group  1
1 Schedule  No [    1] : [SERVO  TORCH        ]
2 PAYLOAD            [kg]          5.00
3 PAYLOAD  CENTER  X   [cm]              4.98
4 PAYLOAD  CENTER  Y   [cm]              0.19
5 PAYLOAD  CENTER  Z   [cm]              13.06
6 PAYLOAD  INERTIA  X  [kgfcms∧2]        0.10
7 PAYLOAD  INERTIA  Y  [kgfcms∧2]        0.33
8 PAYLOAD  INERTIA  Z  [kgfcms∧2]        0.00
```

图6-29　负载推定结果画面

### 6.4.6　碰撞检测设定

为了更好地保护好伺服焊枪,以避免其受到碰撞损害。需开启碰撞检测功能,按下MENU—SETUP—COL GUARD,并对相关参数进行设定。

### 思考题

1.试说明各种焊接电源的特点及应用场合。

2.简述机器人与焊接的标准I/O接口设置过程。

3.简述机器人与焊接的Devicenet通信设置过程。

4.简述变位机与机器人PLC控制方案。

# 运用实例篇
YUNYONG SHILI PIAN

# 第7章  MIG/MAG焊接工业机器人系统的集成

## 学习要求

**知识目标**

·掌握MIG/MAG焊接工业机器人系统的基本概念；

·了解MIG/MAG焊接工业机器人系统的组成与功能特点；

·掌握MIG/MAG焊接工业机器人系统集成的基本方法。

**能力目标**

·能够根据焊接要求完成MIG/MAG焊机器人系统的集成方案编制；

·能够完成MIG/MAG焊接机器人系统的初步运行调试；

·能够完成MIG/MAG焊接机器人系统的日常维护与故障排查。

## 7.1  MIG/MAG焊接机器人系统的特点分析

### 7.1.1  MIG/MAG焊接的特性

MIG/MAG焊接是一种通过控制熔化焊丝和工件之间的电弧形态，将焊丝和工件加热熔化后焊接在一起的气体金属弧焊（GMAW）方法，如图7-1所示。MAG焊接是一种金属活跃气体焊接，采用纯二氧化碳（$CO_2$）或包含二氧化碳（$CO_2$）和其他气体的混合气体作为焊接保护气体。$CO_2$将与熔焊焊池进行有限的反应，焊接温度可达1500℃。MIG焊接是一种金属惰性气体焊接，采用100%的惰性气体氩（Ar）作为保护气体，与焊接熔池进行反应。MIG铜焊是一种金属接合法，是在比MAG焊接温度低得多的950℃左右，使用填充材料将工件接合在一起的焊接方法。这种焊接方法为保证基础金属在焊接时保持在低于将削弱金属材料极限强度的温度下，必须使用脉冲MIG焊机、硅青铜焊丝（CuSi-A或CuSi3）和100%的惰性氩（Ar）保护气体。

在焊接过程中，从气体钢瓶供给保护气体保护焊接区，隔绝大气中的氮、氧等气体接触电极、电弧或焊接金属，以防止产生熔化缺陷、孔隙率和焊接金属脆化。为了防止焊接薄板时经常会产生焊接变形、燃烧等现象，需要减少热量输入，"短路法"可保持薄板最佳焊接的低穿透深度。MIG/MAG焊示意如图7-6所示。

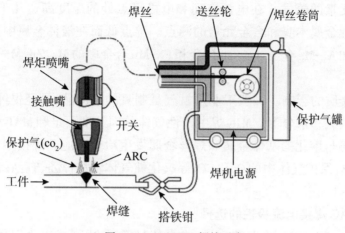

图7-1 MIG/MAG 焊接示意

### 1.短路法焊接中的熔滴过渡传递

焊丝末端由于电弧加热而熔化,使得熔滴接触工件后可能造成短路而短暂熄灭电弧。当短路发生时,高电流通过,直到熔池的表面张力将熔融金属熔珠从电极嘴拉下。然后,电弧重新启动一次,这种循环频率大约为每秒100次,如图7-2所示。

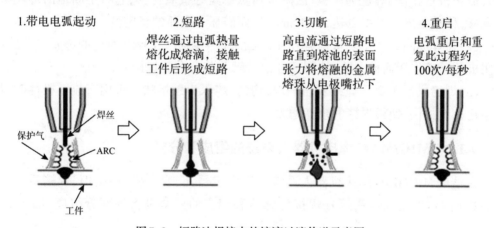

图7-2 短路法焊接中的熔滴过渡传递示意图

### 2.MIG/MAG 焊接的冶金特点

MIG焊接利用纯氩或纯氦($Ar$ 或 $He$)作为保护气体,它们是元素周期表中的0族元素,既不与高温的液体金属发生化学反应,也不溶解于金属中。在焊接时它能屏蔽电弧与熔池周围的空气而起到保护作用,适合于铝、镁和不锈钢等金属的焊接。MIG冶金反应比较单纯,在理想情况下基体金属和焊丝中所含有的各种元素几乎不烧损,但实际上合金元素总会有所减少。

（1）合金元素的蒸发。在电弧空间和电极斑点处的温度高达几千度，甚至近万度，超过了被焊金属本身和合金元素的沸点。沸点低而在液体金属中饱和蒸气压高的合金元素，如 Al-Mg 合金、Cu-Zn 合金和 Fe-Mn 合金中的 Mg、Zn、Mn 等都是极易蒸发的元素。

（2）气体介质的影响。一般工业用氩气是制氧的副产品，虽经提纯，但氩气中仍含有微量的氧、氮和水分等。MIG 焊中惰性气体的因纯度不足和 MAG 焊中含有的氧化性气体，都将与熔化的基体金属和焊丝金属发生冶金反应。焊接不锈钢和碳钢时多采用 MAG 焊，保护气体中的 $O_2$ 和 $CO_2$ 等氧化性气体将烧掉 Zr、Ti、Al 和 Cr、Si、Mn 等合金元素。

**3.MIG/MAG 焊接电流极性的选择**

因为交流电源将破坏电弧稳定性，在电流过零时，电弧难以再引燃。因此，MIG/MAG 焊通常采用直流电源。直流焊接时，电流极性有直流正极性和直流反极性两种接法。直流正极性接法的电极为阴极，工件为阳极；直流反极性接法刚好相反，MIG/MAG 焊接多采用直流反极性接法。直流反极性接法具有如下优点：

（1）电弧稳定。因阳极斑点稳定地出现在焊丝端头，使得电弧不发生飘移。如采用直流正极性接法，焊丝为阴极，因阴极斑点总是寻找氧化膜，它将不断地沿焊丝上、下飘移，移动距离最大可以达 20~30mm，从而破坏了电弧的稳定性。

（2）在焊缝附近产生阴极破碎作用。因工件为阴极，在焊缝附近的金属氧化膜能被阴极的破碎作用而被去除，特别适合铝、镁，及其合金的焊接。

（3）焊缝成形美观。焊缝表面平坦、均匀，熔深为手指状。采用直流正极性时，焊丝熔化速度加快，使得焊缝的余高增大。

## 7.1.2 MIG/MAG 焊接机器人系统的组成和分类

完整的 MIG/MAG 焊接机器人系统一般由机器人、变位机、控制柜、焊接系统（专用焊接电源、焊枪或焊钳等）、焊接传感器和相应的安全设备等部分组成，如图 7-3 所示。

机器人是焊接机器人系统的执行机构，其任务是精确地保证末端执行器（焊枪）所要求的位置、姿态并实现其运动。一般情况下，工业机器人至少应具有 3 个以上自由度。具有 6 个旋转关节的铰接开链式机器人能以最小的结构尺寸获取最大的工作空间，并且能以较高的位置精度和最优的路径到达指定位置，因而在焊接领域得到广泛的应用。

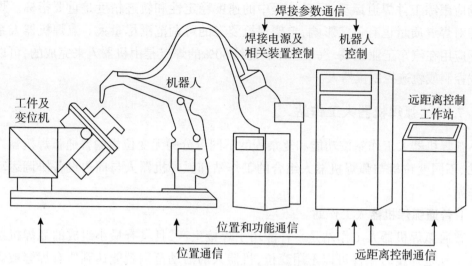

图7-3 MIG/MAG焊接机器人系统组成示意图

变位机是机器人焊接生产线及焊接柔性加工单元的重要组成部分,其作用是将被焊工件旋转(平移)到最佳的焊接位置。在焊接作业前和焊接过程中,变位机通过夹具装卡和定位被焊工件。通常,焊接机器人系统采用两台变位机,一台进行焊接作业,另一台则完成工件装卸。

机器人控制柜是整个机器人系统的神经中枢,负责处理焊接机器人工作过程中的全部信息,控制其全部动作。

焊接系统是焊接机器人得以完成作业的必需装备,主要由焊钳或焊枪、焊接控制器以及水、电、气等辅助部分组成。焊接控制器是焊接系统的控制装置,它根据预定的焊接监控程序,完成焊接参数输入、程序控制及系统故障自诊断,并实现与上位机的通信联系。焊接电源及送丝设备必须由机器人控制系统直接控制,电源的功率和接通时间必须与自动过程相符。

在焊接过程中,由于存在被焊工件几何尺寸和位置误差以及焊接过程中的热变形,传感器仍是焊接过程中不可缺少的设备。

工控机、PLC等上位机在工业机器人向系统化、PC化和网络化的发展过程中发挥着重要的作用。通过相应接口与机器人控制器相连接,主要用于形成通信网络,同时与传感系统相配合,实现焊接路径和参数的离线编程、焊接专家系统的应用及生产数据的管理。

安全设备是焊接机器人系统安全运行的重要保障,主要包括驱动系统过热自断电保护、动作超限位自断电保护、超速自断电保护、机器人系统工作空间发生干涉时的自断电保护,以及人工急停断电保护等,起到防止机器人伤人或破坏周边设备的作用。

焊接机器人按用途可分为弧焊机器人和点焊机器人。弧焊机器人在许多行业中得到广泛应用,是工业机器人最大的应用领域。弧焊机器人必须是轨迹控制机器人,焊枪应跟踪工件焊道运动,运动过程中的速度稳定性和轨迹精度是重要指标。焊枪姿态对焊缝质量也有一定影响,希望焊枪姿态的可调范围尽量大。点焊机器人系统广泛应用在汽车工业领域,汽车车体制造约60%的焊点是由机器人来完成的,可以是点位控制或轨迹控制机器人。

### 7.1.3 弧焊机器人工作站

弧焊机器人工作站按功能和复杂程度不同可分为无变位机的普通弧焊机器人工作站、不同变位机与弧焊机器人组合的工作站和弧焊机器人与周边设备协调运动的工作站。

#### 1.普通弧焊机器人工作站

普通弧焊机器人工作站是一种能用于焊接生产,且具有最小组成的弧焊机器人系统。凡是焊接时工件可以不用变位,机器人的活动范围就能达到所有焊缝或焊点位置的情况,可以采用普通弧焊机器人工作站。

普通弧焊机器人工作站一般由弧焊机器人(包括机器人本体、机器人控制柜、示教盒、弧焊电源、送丝机、焊丝盘支架、送丝软管、焊枪、防撞传感器、操作控制盘及各设备间相连接的电缆、气管和冷却水管等)、机器人底座、工作台、工件夹具、围栏、安全保护设施和排烟罩等部分组成,必要时可再加一套焊枪喷嘴清理和焊丝修剪装置,如图7-4所示。

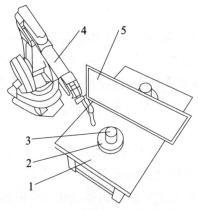

图7-4 普通弧焊机器人工作站组成
1-工作台;2-夹具;3-工件;4-机器人;5-防护屏

#### 2.不同变位机与弧焊机器人组合的工作站

本处所指的工作站是指比普通弧焊机器人工作站复杂一些,但不需要变位机与机器人协调运动的机器人工作站。这种工作站的应用范围最广、应用数量最多,根据工件结构和工艺要求的不同,所配套的变位机与弧焊机器人也有不同的组合形式。

(1)单轴变位机与弧焊机器人组合的工作站。用于焊接塞拉门框架焊接的机器人焊接工作站,是一种典型的单轴变位机与弧焊机器人组合的工作站,由两套伺服控制头、尾架单轴变位机、两套焊接可翻转夹具、一套机器人本体、焊接控制系统及移动滑台等组成,如图7-5所示。

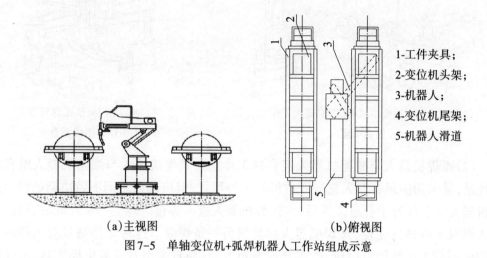

（a）主视图　　　　　　　　　　（b）俯视图

1-工件夹具；
2-变位机头架；
3-机器人；
4-变位机尾架；
5-机器人滑道

图7-5　单轴变位机+弧焊机器人工作站组成示意

（2）旋转-倾斜变位机与弧焊机器人组合的工作站。这种工作站由一台旋转变位机、一台倾斜变位机和弧焊机器人组成,可以形成两个工位,如图7-6所示。工件在焊接时既能作倾斜变位,又可作旋转（自转）运动,有利于保证焊接质量。但操作者装卸工件时,需在两个变位机之间来回走动,劳动强度较大。

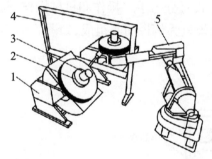

图7-6　旋转-倾斜变位机与弧焊机器人工作站组成示意
1-旋转变位机；2-夹具；3.工件；4-防护屏；5-机器人

为解决旋转-倾斜变位机组成的工作站工人劳动强度较大的问题,可以采用一台五轴双L型变位机的方案,但设备投资较多,如图7-7所示。

**3.弧焊机器人与周边设备协调运动的工作站**

（1）龙门机架与弧焊机器人组合的工作站。采用这种倒挂焊接机器人的形式主要是为了增加机器人的活动空间,可根据需要配备1个轴（X）或2个轴（X+Y）或3个轴（X+Y+Z）的龙门机架,如图7-8所示为使用一台三轴龙门机架的工作站。龙门机架配备的变位机可以是多种多样的,必须根据所焊工件的情况来决定。可以在龙门机架下放两台翻转变位机,或放一台翻转变位机和一台两轴变位机,后一种组合形式的一个主要优点是适应性比较好,不同类型的工件都能焊接。

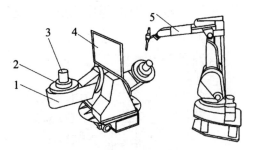
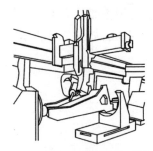

图7-7　双L型变位机+弧焊机器人工作站　　　　图7-8　龙门机架弧焊机器人
　　　　　组成示意　　　　　　　　　　　　　　　工作站组成示意

（2）弧焊机器人与搬运机器人组合的工作站。弧焊机器人与搬运机器人组合的工作站，是采用搬运机器人充当变位机的一种形式，但机器人之间不做协调运动。搬运机器人使工件处于合适位置后，由弧焊机器人进行焊接。焊完一条焊缝后，搬运机器人再对工件进行变位，弧焊机器人再焊接另一条焊缝。这种工作站只有工件的夹具需要根据工件结构专门设计，组合起来很方便，而且改型时只需更换夹具，不仅耗时少，成本也较低。

### 7.1.4　MIG/MAG焊机的基本组成

MIG/MAG焊机的基本组成主要包括焊接电源、送丝机构、焊枪和气路系统、水路系统。根据焊枪移动的方式可分为手工操作和机械操作，前者为半自动焊机，后者为自动焊机。下面以半自动焊机为例说明其组成，如图7-9所示。

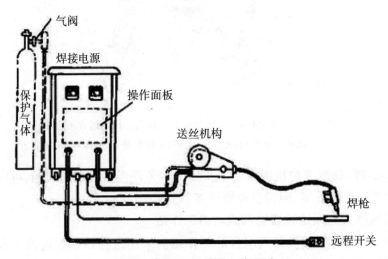

图7-9　MIG/MAG焊机一般组成

半自动焊机的电源可以是硅整流电源、晶闸管整流电源及逆变式电源等直流电源，大多为平特性或缓降（斜率＜4V/100A）特性，以保护弧长的自身调节作用。

送丝机构的作用是以一定速度将焊丝送出导电嘴，低碳钢、低合金钢和不锈钢等较硬的焊丝大多数采用单丝单主动送丝方式,Φ0.8mm以下的细丝、铝等软丝和药芯焊丝等大多数采用双丝双主动送丝方式。

焊枪是保证焊接工作顺利进行的重要工具,将焊接电流、保护气体和焊丝汇聚在焊枪中,并从焊枪上的喷嘴流出保护气,向待焊处送出焊丝,形成电弧。

气路系统的作用是保证保护气体的流量和压力按要求流入焊接区,通常包括气瓶、减压阀、流量计和电磁气阀等。

水路系统在小电流时不需要,只有在焊接电流大于200A以上时,才通过水路系统将冷却水送入焊枪,以便冷却焊枪。

### 1.MIG/MAG焊机型号及典型参数

MIG/MAG焊机型号的编制如图7-10所示。其中N为大类名称,表示熔化极气体保护焊机。Z或B为小类名称,Z表示为自动焊机,B表示为半自动焊机。M为附注特征,末尾数字为额定焊接电流。

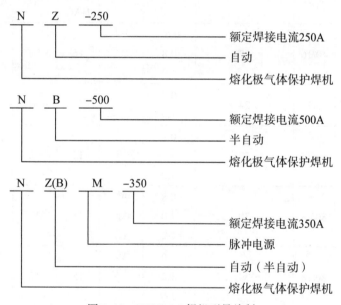

图7-10　MIG/MAG焊机型号编制

MIG/MAG焊机基本参数包括额定焊接电流、额定负载持续率、工作周期、焊接电流调节范围、约定负载电压、适用焊丝、送丝速度和焊接速度等。

额定焊接电流按等比级数进行等级分档,有100、125、160、200、250、315、350、400、500、630、800、1000、1250、1600、2000等,MIG/MAG焊机常用的额定电流(A)为160、200、250、315、350、400、500和630。

额定负载持续率(%)有35%、60%和100%三种;工作周期分为10min和连续。

对于额定焊接电流200A及其以下焊机的最小焊接电流由生产厂家的企业标准规定,对于额定焊接电流200A以上焊机,最小焊接电流≤25%额定焊接电流;最大焊接电流≥100%额定焊接电流。

焊机在整个调节范围内,其约定负载电压与约定焊接电流的关系应符合以下公式:

$$U_2 = 14 + 0.05 \times I_2 \qquad (7-1)$$

式中:$U_2$—约定负载电压,V;$I_2$—约定焊接电流,A;当电流等于或大于600A时,其电压恒等于44V。

焊机的适用焊丝、送丝速度和焊接速度没有统一的规定,由生产厂家根据企业标准确定。典型焊机的基本参数如表7-1所示。

表7-1　典型焊机的基本参数

| 额定电流等级/A | 调节范围A/V | | 额定负载电压/V | 焊丝直径/mm | | 送丝速度/(m/min) | | | 额定负载持续率(%) | 工作周期/min |
| | 上限 | 下限 | | 钢焊丝 | 铝焊丝 | 上限 | | 下限 | | |
| | | | | | | MIG/MAG | CO₂ | | | |
| 160 | 160/22 | 40/16 | 22 | 0.6① 0.8 1.0 | 产品标准说明 | 15 | 9②/12 | 3 | 35 60 或 100 | 10 |
| 200 | 200/24 | 60/17 | 24 | 0.8 1.0 | | 15 | 9②/12 | | | |
| 250 | 250/17 | 60/17 | 27 | 0.8 1.0 1.2 | | 15 | 12 | | | |
| 315 (350) | 315(350)/30 | 80/18 | 30 | 0.8 1.0 1.2 | | 15 | 12 | | | |
| 400 | 400/34 | 80/18 | 34 | 1.0 1.2 1.6 | | 15 | 12 | | | |
| 500 | 500/39 | 100/19 | 39 | 1.0 1.2 1.6 | | 15 | 12 | | | |
| 630 | 630/44 | 110/19 | 44 | 1.2 1.6 2.0 | | 12 | 12 | 2.4 | | |

注:①Φ0.6mm焊丝直径适用于拉丝式送丝。②拉丝式产品送丝速度。

### 2.MIG/MAG焊的电源特性

电源特性包括外特性和动特性。电源外特性是指在规定范围内,弧焊电源稳态输出电流和输出电压间的关系,实质上是电流的静态特性。如主要考虑弧长调节作用,MIG/MAG焊的电源外特性应采用平特性或缓降特性。但对铝合金MIG焊而言,考虑到电弧应具有固有自身调节作用,一般采用垂直特性或缓降特性。

电源动特性是指当负载状态发生瞬时变化时,弧焊电源输出电流和输出电压与时间的关系,用以表征对负载瞬变的反应能力。负载状态与熔滴过渡类型和引弧的过程有关,MIG/MAG焊接采用短路过渡时,负载状态不断发生瞬时变化,对电源动特性要求较高;而采用射流过渡时,负载状态变化不大,对电源动特性要求不高。

良好的电源动特性是得到焊接飞溅小、焊接过程稳定和焊缝成形良好等较好的工艺性能的前提。电源动特性的好坏,决定于电源本身的拓扑结构和控制方法,如旋转发电机、焊接变压器、整流弧焊机和逆变焊机等。逆变焊机性能最好,可以通过电子电抗器进行调节;整流弧焊机的动特性只能通过铁磁电感进行控制。

由于焊机的工作频率不同,主控器件不同和控制方法不同,焊机对负载瞬变的反应能力也不同,不同电源的动特性指标也不同。这里简单介绍采用短路过渡焊时,整流焊机和逆变焊机的电源动特性的要求。对于整流焊机电源动特性主要控制以下几项:

①$di_s/dt$—短路电流上升速度;②$I_{sm}$—短路峰值电流;③$dU_a/dt$—短路到燃弧的电源电压恢复速度。

对于逆变焊机电源动特性主要观察如下参数:

①$I_{ss}$—短路初始电流;②$di_s/dt$—短路电流上升速度;③$I_{sm}$—短路峰值电流;④$Q_a$—燃弧能量,或$Q_a/Q_s$—燃弧能量与短路能量比。

负载持续率是电焊机在断续工作方式及断续周期工作方式中,负载工作时间与整个周期这比值的百分率。对于MIG/MAG焊半自动焊,考虑到断续工作方式,焊机的额定负载持续率一般规定为60%;而对自动焊机考虑到连续工作方式,所以焊机的额定负载持续率规定为100%。

### 7.1.5　MIG/MAG焊接机器人系统的特点

焊接机器人响应时间短,动作迅速,焊接速度在60~3000px/分钟,远远高于手工焊接。机器人在运转过程中可以不停顿也不休息,工作效率也不受到心情等因素影响,只要保证外部水电气等条件,就可以持续工作,无形中提高了企业的生产效率。

焊接机器人在焊接过程中,只要给定焊接参数和运动轨迹,机器人就会精确重复此动作。焊接电流、电压、焊接速度及焊接焊丝长度等焊接参数对焊接结果起决定作用,人工焊接时,焊接速度、焊丝伸长等均受到操作工人的技术影响,很难保证一致性;而采用机器人焊接时,对于每条焊缝的焊接参数都是恒定。机器人焊接的焊缝质量受人为因素影响较小,降低了对工人操作技术的要求,因此,其焊接质量是稳定的,有利于保证产品的质量。

在规模化生产中,根据企业具体情况的不同,一台机器人可以替代2~4名产业工人,而且机器人可以一天24小时连续生产。随着高速高效焊接技术的应用,使用机器人焊接可大为降低生产成本。

机器人可重复性高,焊接产品周期明确,容易控制产品产量。机器人的生产节拍是固定的,因此安排生产计划十分明确。准确的生产计划可使企业的生产效率、资源的综合利用做到最大化。

机器人与专机的最大区别就是它可以通过修改程序以适应不同工件的生产,在产品更新换代时,只需要根据更新产品特性设计相应工装夹具,机器人本体不需要做任何改动,只要更改调用相应的程序命令,就可以做到产品和设备更新。机器人焊接可缩短产品改型换代的周期,减小相应的设备投资,以及实现小批量产品的焊接自动化。

## 7.2 MIG/MAG焊接机器人集成方案

### 7.2.1 焊接机器人系统集成基本情况

#### 1.焊接机器人系统集成特点

焊接机器人系统是集焊接工艺、机械设计、识别和传感技术、自动控制、信息采集和处理、人工智能等多学科而形成的高新应用技术,主要是为了解决工业制造中以焊接工艺为主的自动化装备。焊接机器人系统除了具有满足焊接需求,可实现半自动化或自动化、信息化和智能化、焊接质量控制和检测等基本需求外,根据用户实际应用需求,系统还辅助上下游工序实现生产自动化和智能化。

#### 2.焊接机器人系统集成基本组成

除焊接机器人本体以外,焊接机器人系统还有焊接电源、变位机、焊接夹具、辅助上下料和物流系统、焊缝识别跟踪装置、焊接质量控制和检测、信息采集和传输系统、综合控制及弧焊清枪剪丝机构、安全围栏和环保装置等辅助装置。

#### 3.焊接机器人系统集成应用技术现状

目前,简单的焊接机器人系统集成单元相对比较成熟,应用安全也非常多,整线系统集成技术在汽车制造业的车身点焊中应用广泛。

从技术角度看,焊接机器人的系统集成,不仅是焊接机器人本体,还需要焊接电源、焊缝跟踪系统、整线控制技术等各个功能单元都能满足日益发展的客户需求。弧焊机器人系统集成主要在焊接路径规划和自适应跟踪技术、专用数字化焊接电源技术及焊接参数自调节技术、离线编程及遥控技术、多机器人协调控制技术、机器人控制系统和外部轴的适应技术、自动化焊接过程的信息采集技术等方面都有较快的发展和应用。

**4.焊接机器人系统集成应用市场发展趋势**

从工业制造对焊接需求的发展角度来看,焊接机器人系统集成应用市场的趋势主要有:

(1)中厚板的高效高焊缝性能和薄板高速焊接;

(2)数量小的海洋工程和造船行业的大构件机器人自动焊接;

(3)高强钢、超高强钢、复合材料、特种材料的焊接;

(4)更加稳定的焊接质量及其焊接监控、检测、焊接参数的记录和再现;

(5)工业制造更加自动化、智能化和信息化的多加工工序联动的生产线。

**5.焊接机器人系统集成应用技术发展趋势**

(1)焊接电源的工艺性能进一步提高、适应性更广,更加数字化、智能化;

(2)焊接机器人本体更加智能化;

(3)视觉、力觉、触觉、信息采集等各种智能传感技术开发应用;

(4)更强大的自适应软件支持系统;

(5)焊接与上下游加工工序的融合和总线控制;

(6)焊接信息化及智能化与互联网融合,最终实现智能化生产;

(7)虚拟制造和仿真技术发展。

先进的高效率、自动化、柔性化、智能化的系统是焊接机器人系统集成的重要发展趋势,焊接机器人系统集成,正经历着由单机示教再现型向多传感器、智能化的柔性机器人工作站或多机器人工件群,甚至整厂生产流水线方向发展。

### 7.2.2　经济型焊接机器人集成系统

经济型焊接机器人集成系统是价格相对较低的焊接机器人集成系统,通常由一台或两台焊接变位机和一台焊接机器人组成的焊接工作单位,主要应用在焊接环境恶劣、焊接劳动强度较大、焊接工作量较大及焊缝分布简单的焊接工位。这种集成系统整体价格一般在百万元之内,为非经济型焊接机器人系统价格的$\frac{1}{5} \sim \frac{1}{3}$。焊接机器人系统对周边设备的传动精度要求偏高,如变位机传动精度1m直径的容差为±0.15(±1′);普通回转支承1m直径的径向跳动量超过0.3mm,普通减速机的传动间隙也达不到要求。而经济型焊接机器人系统能够采用普通电机、减速机和回转支承制成的变位机,与机器人组成集成系统在精度要求较低的焊接场合长期可靠使用。

由倾翻回转调速式变位机、焊接机器人和PLC集中控制系统等组成的倾翻回转式变位机—机器人自动焊接系统是比较常见的经济型机器人焊接系统。这种系统中通常有焊接机器人控制系统和变位机PLC控制系统等两套系统。在作业过程中,两控制系统进行信息交换、协调工作,可以满足环焊缝的速度控制和无人操作需要。

PLC控制系统是经济型焊接机器人集成系统中常用的控制形式,提供了运行、示教等焊接工作模式设置,机器人伺服系统开启、停止、重启、继续和回零等输入控制端口,通过这些控制端口,PLC可以对焊接机器人进行上述的控制。同时,也提供了焊接机器人所处的运行模式,伺服系统的开、停、就绪、报警和急停等状态输出端口。通过读取这些端口的状态,PLC就能获知机器人的焊接基本状态。这些控制和状态信息称为基本控制指令和基本状态信息。用PLC的输出端口与基本控制指令端口连接,输入口与基本状态端口连接,通过一定的时序要求,PLC就可以实现焊接机器人模式选择,伺服开、停等基本控制功能,以及获取机器人的就绪、停止和报警等基本状态信息。如图7-11所示。

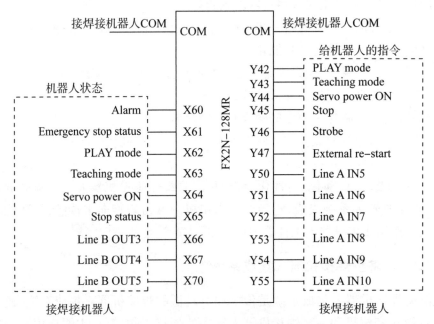

图7-11  PLC和机器人控制系统的连接

在机器人自动焊接夹具中,仅通过基本控制指令和基本状态信息,不能满足完成自动焊接过程的要求。例如,在我们开发的自动焊接夹具中,PLC要指令焊接机器人进行何种工件规格的焊接,进行工件1还是工件2的焊接等,并将相应的焊接状态在操作终端中显示出来。

为了实现这些控制指令,需要利用机器人控制系统中的"工作选择"端口进行不同"工作"的定义,每个"工作"代表一个自定义的控制指令。通过"工作选择"端口的输入端子的不同组合,可以定义不同的"工作"号,不同的"工作"号对应不同的控制指令。如利用"工作选择"的LineAIN5~IN7的信号组合来表示不同的"工作",每个"工作"对应不同的工位及工件规格的焊接指令。当IN5及IN7为ON时,表示要进行左工位第3种工件规格的焊接,如表7-2所示。

表7–2　"工作"的定义

| 工位 | 规格 | 工作号 | IN5 | IN6 | IN7 |
|------|------|--------|-----|-----|-----|
| 左工位 | 1 | 1 | ○ | | |
| | 2 | 2 | ○ | ○ | |
| | 3 | 3 | ○ | | ○ |
| 右工位 | 1 | 4 | | ○ | |
| | 2 | 5 | | | ○ |
| | 3 | 6 | | ○ | ○ |

其他的输入端子(IN8~IN10)用来定义一些辅助的指令,如"移到换丝位置"控制指令等。焊接机器人一般采用示教方式对焊缝轨迹进行编程,在示教模式下,通过手动使焊枪沿着焊缝移动,将不同规格的工件的焊缝轨迹保存好。当PLC对"工作选择"端口输出不同的组合时,就表示选择了不同的"工作"号,在焊接时,机器人控制系统就会调出对应的焊缝轨迹,对工件进行焊接。

同理,可以利用"工作选择"Line B的输出口来定义自己的状态信息。如利用Line B的OUT3~OUT5的组合来定义"正在焊接""焊接完成""正在焊接工件1"及"正在焊接工件2"等状态信息。Line B的输出口与PLC的输入口连接,PLC通过这些输入信号的状态,就可判别这些自定义的状态,再送到操作终端显示出来。

### 7.2.3　焊接机器人CAN总线控制系统

#### 1.CAN总线特点

CAN总线协议是一种新型的串行总线协议,现在已经被越来越多地应用在焊接机器人的控制中。CAN总线是一种多主站总线,通信介质可以是多绞线、同轴电缆或光导纤维。CAN网络是一种专门用于工业自动化的网络,其物理特性及网络协议特性更强调工业自动化的低层检测及控制。

CAN协议的一个最大特点是可以对通信数据块进行编码,使不同的结点同时接收到相同的数据,这一点在分布式控制系统中是非常有用的。CAN协议采用CRC检验并提供了相应的错误处理功能,保证了数据通信的可靠性。

#### 2.基于CAN总线的焊接机器人原理

系统的工作原理为IPC将操作者的命令换成PCCAN控制卡识别的数据,PCCAN控制卡接到数据后按照CAN总线的协议标准,以"标识符—数据长度—数据场"的形式发送到每个轴的控制卡中。控制卡根据标识符,判断是否为自己应处理的数据。若是,则按照相应的算法解释数据的内容,转化成驱动步进电机的信号,控制焊接执行机构完成相应的动作。每个轴之间也按CAN协议相互通信,实现动作的协调进行。编码器实时监测机构的动作,将误差反馈给相应轴的控制卡中进行拟合,从而实现系统的闭环控制。PCCAN采用了CSMA/CD的信息传输控制技术,允许总线上各结点平等地享用总线。如图7-12所示。

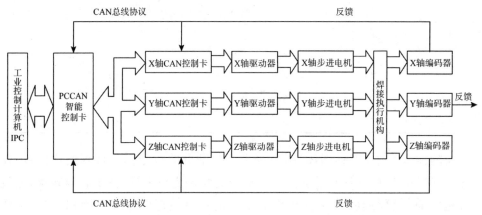

图7-12　基于CAN总线的焊接机器人的总体设计框图

### 7.2.4　智能型焊接机器人系统

**1.智能型焊接机器人系统的硬件构成**

智能型焊接机器人系统由系统仿真、知识库、焊缝导引、焊缝跟踪、熔透控制和机器人控制等单元组成,机器人控制单元与常规焊接机器人系统相同。

(1)系统仿真单元由负责机器人运动模型创建、焊接过程设计、焊接路径规划等仿真工作的机器人运动控制仿真,以及负责焊接参数与焊缝成形的动态过程仿真的焊接动态过程仿真两部分组成。

(2)知识库单元是焊接机器人专家系统,负责焊接工艺的制定和选择、焊接顺序的规划等。

(3)焊缝导引单元利用焊缝识别摄像机拍摄的焊件图像,通过计算机图像处理和立体匹配,提取焊缝的初始点在三维空间内的坐标,上传到中央控制计算机,由中央控制计算机和机器人控制器协同控制焊枪到达初始焊位,做好焊接准备。

(4)焊缝跟踪单元是在机器人导引到初始焊接位置并开始焊接后,利用焊缝识别摄像机在工作空间内实时拍摄的焊缝图像,通过计算机图像处理,提取焊缝形状和方向特征,并根据焊缝位置确定焊枪下一步纠偏运动方向和位移的量,并将这些信息上报中央控制计算机,通过中央控制计算机和机器人控制器来驱动机器人焊枪端点,以跟踪焊缝走向和位置纠偏。

(5)熔透控制单元利用熔池监视摄像机获取机器人运动后的熔池变化图像,通过计算机图像处理,提取熔池形状特征。通过中央控制计算机结合相应的工艺参数和预先建立的焊接熔池动态过程模型预测熔深、熔宽、余高和熔透等参数,调用合适的控制策略,给出适当的焊接参数调整以及机器人运动速度、姿态和送丝速度的调节变化,通过焊接电源和机器人执行,实现对焊缝熔透和成形的控制。

### 2.智能型焊接机器人的工作过程

在开始焊接之前,通过视觉传感器观察并识别焊接环境、条件,提取焊件的形状、结构等信息。然后根据环境和焊件接缝信息,利用知识库单元和系统仿真单元来选择合适的焊接工艺参数和控制方法,以及进行必要的机器人焊接运动路径、焊枪规划与焊接过程仿真。

确定焊接任务可实施以后,通过焊缝导引单元,运用安装在机械手总成末端的视觉传感器在局部范围内搜索机器人初始焊接位置。确定初始焊接位置后,自主引导机器人焊枪到达初始焊接位置。

焊接开始以后,采用视觉传感器观察熔池的变化,提取熔池,判断熔池变化状态,采取适当的控制策略,实现对焊接熔池动态变化的智能控制。同时,利用焊缝跟踪单元直接通过机器人运动前方的视觉传感器实时识别焊缝间隙特征,进行机器人运动导引,实现焊缝跟踪。

## 7.3 系统控制程序的编写与调试

一个完整的工业机器人焊接系统由工业机器人、焊枪、焊机、送丝机、焊丝、焊丝盘、气瓶、冷却水系统(水冷焊枪使用)、清枪剪丝装置、烟雾净化系统(烟雾净化过滤机)等组成,如图7-13所示。

MAGMIG焊接机器人系统集成

| MIG/MAG焊机 | 送丝机 | 保护气钢瓶 | 焊机 |

| 烟雾净化系统 | 焊枪 | 清枪剪丝装置 |

图7-13 MIG/MAG机器人焊接系统主要设备图

MIG/MAG焊接系统各单元之间的连接包括焊机和送丝机、焊机和焊接工作台、焊机和气瓶加热器、送丝机和机器人控制柜、焊枪和送丝机、气瓶和送丝机气管的连接,如图7-14所示。

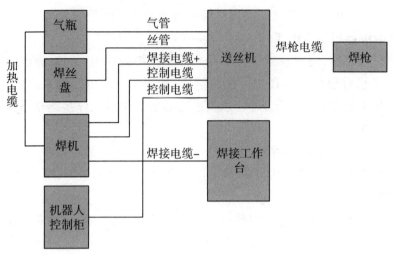

图7-14　MIG/MAG焊接系统连接示意图

安装连接完成后,需要根据工艺要求调整送丝轮、气瓶压力以及焊丝盘的盘制动力等,同时还需要进行焊机、机器人以及焊机和机器人之间的通信设置。下面以肯比焊机和KUKA机器人之间的通信设置为例,阐述MIG/MAG焊接机器人系统控制程序的编制和调试。

### 7.3.1　肯比焊机DeviceNet Connector接口与KUKA X943.2接口的连接

拆开肯比焊机的上盖,找到DeviceNet Connector接口,其接口数据如表7-3所示。

表7-3　DeviceNet Connector接口和KUKA X943.2接口数据表

| DeviceNet Connector接口 | | | KUKA X943.2接法 | | |
|---|---|---|---|---|---|
| 引脚 | 信号 | 描述 | 引脚 | 信号 | 描述 |
| 1 | V– | 0V | 1 | V– | 0V |
| 2 | Can_L | 低频 | 2 | Can_L | 低频 |
| 3 | SHIELD | 屏蔽线 | 3 | SHIELD | 屏蔽线 |
| 4 | CAN_H | 高频 | 4 | CAN_H | 高频 |
| 5 | V+ | 24V | 5 | V+ | 24V |

肯比焊机DeviceNet Connector接口V+与V–为外部电源供电模式,肯比焊机DeviceNet Connector接口与KUKA X943.2接口相连,KUKA的X943.2与KUKA机器人I/O输入输出模块相联,并为其提供电源。

在焊机内部与KUKA机器人相联的通信板上,有一个八位的选择开关,其含义如表7-4所示。可以通过拨动开关,完成肯比焊机地址设定以及波特率的设定。

表7-4　焊机通信板上的拨码开关含义

| S1 | S2 | S1S2为波特率设定 | S3 | S4 | S5 | S6 | S7 | S8 | 地址设定 |
|---|---|---|---|---|---|---|---|---|---|
| 0 | 0 | 125K | 0 | 0 | 0 | 0 | 0 | 0 | 0 |
| 0 | 1 | 250K | 0 | 0 | 0 | 0 | 0 | 1 | 1 |
| 1 | 0 | 500K | 0 | 0 | 0 | 0 | 1 | 0 | 2 |
| 1 | 1 | 备用 | … | … | … | … | … | … | …到63 |

开关选定后，还需要在机器人DEVENT文件里进行如下设置，并在完成后对IOSYS文件进行修改。

**DEVENT文件设置**

Debug=0

baudrate=500

[1]

　　macid=1）I/O口使用

[2]

　　macid=5　肯比焊机通信端口使用

　　macid=1）

**IOSYS文件修改**

INB8=5,0,x5

　　OUTB8=5,0,x5

INB0=1,0,x8

　　OUTB0=1,0,x8

### 7.3.2　KUKA机器人的焊接软件的安装与焊接相关设置

（1）打开资源管理器（WINDOWS EXPLORE）复制焊接软件到D盘，然后按准备运行→安装附加软件→新软件→配制→新软件→应用→安装的顺序，将焊接软件安装到TP文件夹中。如安装失败时，可右击右下角绿灯按钮，关掉示教器软件，再打开焊接软件所在文件夹，点击焊SETUP软件进行安装。在完成初步安装后，重新启动焊接软件，通过配制→杂相→操作界面初始化后即可使用。

（2）安装完焊接软件后，需要对示教器功能按钮进行添加，按配制→状态键→CONTIGSTARTKEY操作。配制完成后，示教器界面将出现正送丝、退丝、焊接有/无和摆动限制按钮。

（3）设好DEVENT与IOSYS文件后，对systerm文件夹中的CONFING文件与SPS文件进行设置。

### 7.3.3 CONFING文件设定

**1.主要选项和常数(Main Options and Constants)的设置**

INT A_ACT_AN_MAX=2;Maximum of analog channels to see parameterlists。

最大模拟通道量的设置,数值为2~8。即最少两个通道,最多八个通道。

**2.ArcTech Outputs的设置**

```
DECL CTRL_OUT_T A_WLD_OUT[16]
A_WLD_OUT[1]={OUT_NR 49,INI FALSE,NAME_NAT[] "WELD_START    "} 焊接开始
A_WLD_OUT[2]={OUT_NR 53,INI FALSE,NAME_NAT[] "GAS PREFLOW  "} 检气开关
A_WLD_OUT[3]={OUT_NR 0,INI FALSE,NAME_NAT[] "WELD_MODE PS/MM"}
                                              焊接方式设定,脉冲有无
A_WLD_OUT[4]={OUT_NR 0,INI FALSE,NAME_NAT[] "CLEANER    "}
A_WLD_OUT[5]={OUT_NR 0,INI FALSE,NAME_NAT[] "RECEIPT ERRORS "}
A_WLD_OUT[6]={OUT_NR 0,INI FALSE,NAME_NAT[] "ERR MESSG_SIGNAL"}
A_WLD_OUT[7]={OUT_NR 0,INI FALSE,NAME_NAT[] "START ERROR "}
A_WLD_OUT[8]={OUT_NR 0,INI FALSE,NAME_NAT[] "APPL_ERROR   "}
A_WLD_OUT[9]={OUT_NR 0,INI FALSE,NAME_NAT[] "INTERPRETER−STOP"}
A_WLD_OUT[10]={OUT_NR 0,INI FALSE,NAME_NAT[]"              "}
A_WLD_OUT[11]={OUT_NR 0,INI FALSE,NAME_NAT[]"              "}
A_WLD_OUT[12]={OUT_NR 0,INI FALSE,NAME_NAT[]"              "}
A_WLD_OUT[13]={OUT_NR 0,INI FALSE,NAME_NAT[]"              "}
A_WLD_OUT[14]={OUT_NR 0,INI FALSE,NAME_NAT[]"              "}
A_WLD_OUT[15]={OUT_NR 51,INI FALSE,NAME_NAT[]"WFD+         "} 送丝
A_WLD_OUT[16]={OUT_NR 52,INI FALSE,NAME_NAT[]"WFD−         "} 退丝
```

**3.ArcTech Inputs机器人焊接输入的设置**

```
DECL CTRL_IN_T A_WLD_IN[16]
A_WLD_IN[1]={IN_NR 44,NAME_NAT[] "WELDER READY       "}焊接准备好信号,电源就绪
A_WLD_IN[2]={IN_NR 42,NAME_NAT[] "ARC ESTABLISHED    "} 引弧成功信号
A_WLD_IN[3]={IN_NR 0,NAME_NAT[] "SEAM_ERROR         "}
A_WLD_IN[4]={IN_NR 0,NAME_NAT[] "CURRENT OVER        "}
A_WLD_IN[5]={IN_NR 0,NAME_NAT[] "KEY SWITCH HOT/COLD "} 外部是否起弧信号?
A_WLD_IN[6]={IN_NR 0,NAME_NAT[] "                    "}
A_WLD_IN[7]={IN_NR 0,NAME_NAT[] "BURN FREE INP_SIGNAL"} 粘丝信号
```

```
A_WLD_IN[8]={IN_NR 0,NAME_NAT[] "                      "}
A_WLD_IN[9]={IN_NR 0,NAME_NAT[] "                      "}
A_WLD_IN[10]={IN_NR 0,NAME_NAT[] "WATER AVAILABLE       "} 有无水信号
A_WLD_IN[11]={IN_NR 0,NAME_NAT[] "GAS   AVAILABLE       "} 气体检测信号
A_WLD_IN[12]={IN_NR 0,NAME_NAT[] "WIRE AVAILABLE        "} 有无焊丝检测
A_WLD_IN[13]={IN_NR 45,NAME_NAT[] "COLLECTION FAILURE   "} 焊接错误信号
A_WLD_IN[14]={IN_NR 0,NAME_NAT[] "                      "}
A_WLD_IN[15]={IN_NR 0,NAME_NAT[] "                      "}
A_WLD_IN[16]={IN_NR 0,NAME_NAT[] "                      "}
```

## 4.Analog Output Configuration中的Number of Points in Controller line的设置

```
DECL INT A_ANA_MAX_D[2,8];maximum number of points to define a controller line
A_ANA_MAX_D[1,1]=2
A_ANA_MAX_D[1,2]=2-------最左边的一个"1"（1代表有脉冲,2代表无脉冲）
A_ANA_MAX_D[1,3]=2-------第二数代表（通道一到八）
A_ANA_MAX_D[1,4]=2-------等号右边的数（取点数,2时为取最高值与最低值）
A_ANA_MAX_D[1,5]=2
A_ANA_MAX_D[1,6]=2
A_ANA_MAX_D[1,7]=2
A_ANA_MAX_D[1,8]=2
A_ANA_MAX_D[2,1]=2
A_ANA_MAX_D[2,2]=2
A_ANA_MAX_D[2,3]=2
A_ANA_MAX_D[2,4]=2
A_ANA_MAX_D[2,5]=2
A_ANA_MAX_D[2,6]=2
A_ANA_MAX_D[2,7]=2
A_ANA_MAX_D[2,8]=2
;ENDFOLD（Number of Points in Controller line）
```

## 5.Analog Output Configuration 中的 Definitions of Controllerlines 的设置

（1）MODE1(有脉冲)：

```
;Mode1 Channel1  Job Number
A_ANA_DEF[1,1,1]={PARA 0.0,VAL 0.0} 最低
A_ANA_DEF[1,1,2]={PARA 100.0,VAL 100.0} 最高
```

```
A_ANA_DEF[1,1,3]={PARA 101.0,VAL 0.0}
A_ANA_DEF[1,1,4]={PARA 102.0,VAL 0.0}
A_ANA_DEF[1,1,5]={PARA 103.0,VAL 0.0}
;Mode1 Channel2
A_ANA_DEF[1,2,1]={PARA 0.0,VAL 0.0} 最低
A_ANA_DEF[1,2,2]={PARA 1.0,VAL 1.0} 该通道没用,但是最高值不能设置为零
A_ANA_DEF[1,2,3]={PARA 2.0,VAL 0.0}
A_ANA_DEF[1,2,4]={PARA 3.0,VAL 0.0}
A_ANA_DEF[1,2,5]={PARA 4.0,VAL 0.0}
```

（2）MODE2（MAG/MIG 无脉冲）：

```
;Mode2 Channel1   Job Number
A_ANA_DEF[2,1,1]={PARA 0.0,VAL 0.0}
A_ANA_DEF[2,1,2]={PARA 100.0,VAL 100.0} 最高不能设置为零
A_ANA_DEF[2,1,3]={PARA 101.0,VAL 0.0}
A_ANA_DEF[2,1,4]={PARA 102.0,VAL 0.0}
A_ANA_DEF[2,1,5]={PARA 103.0,VAL 0.0}
;Mode2 Channel2
A_ANA_DEF[2,2,1]={PARA 0.0,VAL 0.0} 最低
A_ANA_DEF[2,2,2]={PARA 1.0,VAL 1.0} 最高没用时,不能设置为零
A_ANA_DEF[2,2,3]={PARA 2.0,VAL 0.0}
A_ANA_DEF[2,2,4]={PARA 3.0,VAL 0.0}
A_ANA_DEF[2,2,5]={PARA 4.0,VAL 0.0}
```

## 6.Further Options的设置

```
DECL A_BOOL_T A_STRT_BRAKE=#IDLE;BRAKE-Option at ARC_START（HPU control）
DECL A_BOOL_T A_END_BRAKE=#IDLE;BRAKE-Option at ARC_OFF        （HPU control）
DECL A_BOOL_T A_BRN_FR_OPT=#IDLE;Burnfree Option 粘丝检测设定为OFF
DECL A_BOOL_T A_SWINDL_OPT=#ACTIVE;Seam control interrupt in rough process
DECL A_BOOL_T A_HOT_SELECT=#IDLE;block select with start possibility
BOOL A_RAMP_OPTION=FALSE;Ramp functionality at chane of parameters
BOOL A_PR_GAS_OPT=TRUE;Enable for flying gas flow
BOOL A_TH_WEAVE_OPT=FALSE;Thermal weaving
BOOL A_SYNERG_OPT=FALSE;Synergetic welder
BOOL A_PROC_IN_T1=FALSE;Allows welding in Test1 mode
```

```
BOOL A_PROC_ENABLE=TRUE;Flag to avoid active process
BOOL A_TECH_MOTION=FALSE;Marker of real arc seam
DECL A_APPL_T A_APPLICAT=#THIN;#thin,#thick厚板与薄板的选择
BOOL A_ANA_CALC_ON=TRUE;Flag to calculate controller lines
REAL A_APO_DIS_TECH=5.0;[mm]arc apo distance DECL A_TECH_STS_T A10_OPTION=
#ACTIVE;#active,#disabled
```

## 7.USER GLOBALS 的设定

```
;==============================
; Userdefined Variables
;==============================
SIGNAL KEMP_JOB $OUT[33]  TO $OUT[40]--------将33到40八个端口组成一个数
SIGNAL KEMP_CURRENT $IN[1]  TO $IN[16]
SIGNAL KEMP_VOLTAGE $IN[17]  TO $IN[32]
REAL RKEMP_CURRENT              ----------------显示变量设定
REAL RKEMP_VOLTAGE
;ENDFOLD(USER GLOBALS)
ENDDAT;Restart Mode at seam error
```

## 7.3.4  SPS 程序的设定

```
;FOLD USER PLC
;Make your modifications here
KEMP_JOB=A_O_ANA1     将模拟通道中设定好的电压电流赋给控制焊机通道的参数
RKEMP_CURRENT=KEMP_CURRENT / 655.35----将电压值转化为显示变量(电压小除数大)
RKEMP_VOLTAGE=KEMP_VOLTAGE / 65.535----将电流转化为显示变量(电流大除数小)
;ENDFOLD(USER PLC)
ENDLOOP
```

在编写焊接程序时,焊接条件焊接电压改为通道量控制,且将焊接通道增量设定为 1(其值可以随意设置),打开文件 R1→TP→ARCTECHANALOG→A10.dat→main adjustment,修改完毕后需配制→杂相→初始化两次方可完成 SPS 程序设定。

```
Main Adjustments
INT iOV_Lowering=15 ; POV lowering when online optimizing
```

```
DECL BOOL RE_INITIALIZE=FALSE ; TRUE: TPARC.DLL forced to new initialization MIN/
MAX and controller line parameters
DECL BOOL HIDE_BB_TIME=TRUE ; FALSE: Burnbacktime element visible / TRUE:Hidden
DECL CHAN_INFO CHANNEL_INFO[8] ; Unit and steps
CHANNEL_INFO[1]={UNIT[] "NUMBER",STEP[] "1"}    将焊接电压参数改为通道命名显示为
"NUMBER",单位增量设为1
CHANNEL_INFO[2]={UNIT[] ".",STEP[] "0.0"}    每两个通道没用但是不能改为空格节必需
字符,增量设定为零
CHANNEL_INFO[3]={UNIT[] "%",STEP[] "0.1"}
CHANNEL_INFO[4]={UNIT[] "s",STEP[] "0.01"}
CHANNEL_INFO[5]={UNIT[] "Hz",STEP[] "1.0"}
CHANNEL_INFO[6]={UNIT[] "ms",STEP[] "0.1"}
CHANNEL_INFO[7]={UNIT[] "ms",STEP[] "0.1"}
CHANNEL_INFO[8]={UNIT[] "s",STEP[] "0.1"}
```

如果要改为自动运行程序时,使其不提示而自动运行程序速度,则将速度改为100%,然后打开文件R1→TP→ARCTECHANALOG→a10_ini→option。

```
Options
DECL BOOL OVR_CTRL=FALSE将这个变量值改为false,机器人将不提示是否将自动运行程序速度改为100%
; ENDFOLD(Options)
```

## 7.4　日常维护与故障排查

### 7.4.1　焊接机器人系统的常规保养

焊接机器人系统是由工业机器人系统、焊接设备、工件安装平台、变位机和外围设备组成的复杂系统,而工业机器人、变位机和焊接电源等本身就是典型的机电一体化设备,只有科学地精心维护才能保证其良好的工作状态,延长其无故障工作时间,以及系统的寿命周期。

**1.常规保养制度**

设备常规保养一般包括日常保养、一级保养和二级保养。

日常保养又称为设备点检,分为每天班后小保养和每周班后大保养,由设备操作者负责。主要内容为检查设备使用和运转情况,填写好交接班记录;对设备各部件进

行擦洗清洁,定时加注润滑剂;对易松脱的零件进行紧固,调整消除设备小缺陷;检查设备零部件是否完整,工件、附件是否放置整齐等。

一级保养是指两班制工作的设备运行一个月,以操作者为主,维修工人配合进行的保养,经过一级保养后使设备达到外观清洁明亮、油路畅通、操作灵活、运转正常、安全防护、指示仪表齐全、可靠。主要工作内容有:

(1)检查、清扫、调整电器控制部位;

(2)彻底清洗、擦拭设备外表,检查设备内部;

(3)检查、调整各操作、传动机构的零部件;

(4)检查油泵、疏通油路,检查油箱油质、油量;

(5)检查、调节各指示仪表与安全防护装置;

(6)排除故障隐患和异常,消除泄漏现象等。

记录保养的主要内容,保养过程中发现和排除的隐患异常,试运转结果,试生产工件精度,以及运行性能等。

二级保养是以维持设备的技术状况为主的检修形式,以专业维修人员为主完成,操作工协助,主要针对设备易损零部件的磨损与损坏进行修复或更换。二级保养前后应对设备进行动、静态技术状况测定,并认真做好保养记录。

二级保养除完成一级保养的全部工作外,还要求对润滑部位进行全面清洁,结合换油周期检查润滑油质,进行清洗换油。检查设备动态技术状况(噪音、震动、温升、油压等)与主要精度(波纹、表面粗糙度等),调整设备水平安装,校验机装仪表,测量绝缘电阻,更换或修复零部件,修复安全装置,清洗或更换轴承等。经过二级保养后要求设备精度和性能达到工艺要求,无漏油、漏水、漏气、漏电现象,声响、震动、压力、温升等符合标准。

**2. 工业机器人系统的保养**

工业机器人系统由机器人本体、控制柜、示教盒和外加传感器等组成,不同的机器人系统保养的要求和内容略有不同,定期保养周期一般分为日常、三个月、六个月、一年和三年等。

日常保养分为机器人本体保养和控制柜保养,本体的日常保养主要内容如下:

(1)各轴的电缆,动力电缆与通信电缆的连接是否良好;

(2)各轴的运动状况是否正确,有无异常振动和噪音;

(3)本体齿轮箱,手腕等是否有漏油、渗油现象;

(4)机器人零位是否正常;

(5)检查机器人本体电池;

(6)各轴电机的温升与抱闸是否正常;

(7)各轴的润滑是否良好;

(8)各轴的限位挡块是否松动。

机器人控制柜和示教盒的日常保养主要有：

(1)柜子内部有无杂物、灰尘等及密封是否良好；

(2)电气接头是否松动,电缆是否松动或者破损的现象；

(3)检查程序存储电池；

(4)检测示教器按键的有效性,急停回路是否正常,显示屏是否正常显示,触摸功能是否正常；

(5)检测机器人是否可以正常完成程序备份和重新导入功能；

(6)检查变压器以及保险丝。

三个月保养内容：

(1)清除机器人本体和控制柜上的灰尘和杂物；

(2)拧紧机器人上的盖板和各种附加件；

(3)检查接插件的固定状况是否良好；

(4)检查并重新连接机械本体的电缆；

(5)检查控制柜连接电缆；

(6)检查控制器的通风情况。

六个月保养主要针对有平衡块的机器人进行,检查并更换平衡块轴承的润滑油,具体要求按随机的机械保养手册。

一年保养主要是更换机器人本体上的电池,而三年保养则需要更换机器人减速器的润滑油。

**3.焊接设备的保养**

焊接设备的保养周期分为日常保养、每月保养、三月检查、半年保养和一年保养。

日常检查与保养由操作者完成,主要检查设备的各个阀门、开关是否正常;设备的各个自动部件是否正常运转;焊接前进行试点火,检查焊接火焰是否呈蓝色。

每月保养的主要内容为检查各连接部位是否有异常声音;各电机是否有异常噪音;配管是否有泄漏等。

三月保养主要内容是检查电气连接是否完好,过滤器是否有附着物,油槽是否有沉淀物。

半年保养主要检查各动作与各处压力表指示是否正常,各动作部件的运动速度是否符合要求,轴承温升是否有正常范围内,气管接头是否牢固、是否漏气;拧紧各固定螺丝、保证管道固定可靠。

一年保养须对电压表、电流表进行校准,测试电气系统绝缘参数,检查气压回路。

## 7.4.2 变位机的维护与保养

### 1.变位机的安全操作

(1)变位机须由专门人员操作,严禁超载使用；

(2)吊装工件时,不得撞击工作台,避免造成设备损坏;

(3)当工作台上装有工件,进行翻转时应当确实避免工件碰撞到地面;

(4)每次变换工作台旋转方向时,须确认工作台静止后再变向;

(5)选用合适的螺栓工件,防止侧翻时工件从工作台滑落;

(6)低温使用时,必须空载运行5分钟预热后再工作;

(7)每次使用设备前,须确保翻转限位器灵敏、可靠;

(8)设备有异常声音或故障时必须停用,严禁设备带病运行。

**2. 变位机的日常保养**

(1)每天使用设备前,清除旋转齿轮及翻转齿轮上的污物并适量加注润滑油;

(2)每天使用设备前,检查设备电缆线的完好性,发现破皮、断裂、接触不良等及时修复;

(3)每次焊接完工件后,及时清除工作台上的焊渣等;

(4)每天工作结束后,认真如实填写设备交接班记录,详细记录设备运行情况。

**3. 变位机的一级保养**

(1)每次一级保养时,清除配电箱内灰尘,并检查紧固配电箱内各部位接线端子;

(2)每次一级保养时,检查工作台回转轴及轴承是否顺畅,有无异响,及时更换受损轴承;

(3)每次一级保养时,检查回转、翻转变速箱的润滑油,及时更换或添加;

(4)认真填写设备定期保养记录。

### 7.4.3　外围设备的保养

本书所指外围设备主要有清枪站、通风除尘设备和安全围栏等部分。安全围栏是保护人身安全、保证安全生产的重要屏障,其保养的重点是安全防护开关是否正常工作,连接电缆接头有无松动现象,每天均须进行检查和保养。

**1. 焊枪喷嘴的清理装置**

一般$CO_2$(MAG)气体保护焊有较大的飞溅,会逐步粘在焊枪的喷嘴和导电嘴上,影响气体保护效果、送丝的稳定性。因此,根据飞溅的大小情况,在每次焊接若干个工件后对喷嘴和导电嘴进行一次清理。

当工业机器人运行焊枪喷嘴清理子程序时,机器人将焊枪送到清理装置的上方,清理装置中的接近开关接到焊枪到位或接收到机器人控制柜发出的开始清理信号后,自动清理装置的气动夹钳将喷嘴夹紧,清理飞溅的弹簧刀片开始升起并旋转,一边高速旋转,一边慢慢伸入喷嘴内,将喷嘴和导电嘴表面粘附的飞溅颗粒刮下来。

使用带有通向喷嘴的高压气管的焊枪时,在弹簧刀片清理飞溅时及清理完毕后,从高压管向喷嘴里喷出一股高速气流,将喷嘴内的残留飞溅颗粒彻底清除。喷嘴清理后,弹簧刀片下降,气动夹钳松开,并发信号给控制柜,工业机器人将焊枪移动到喷涂防飞溅油的喷嘴上方,用压缩空气把防飞溅油喷入喷嘴内。防飞溅油能降低飞溅颗粒在喷嘴和导电嘴上的粘附牢度。

**2.剪焊丝装置**

配备剪焊丝装置是为了去掉焊丝端头上的小球保证引弧的一次成功率。大多数弧焊机器人配用的焊接电源,均具有熄弧时自动去除焊丝端头小球的功能。多数情况下,焊丝端头的小球在熄弧时已经没有大的小球,可以不配用剪丝装置。如果工业机器人需要利用焊丝的端头来进行接触寻位,焊丝的伸出长度必须保持一致,则必须配用剪丝装置。

工业机器人运行剪丝子程序时,机器人将焊枪送到指定位置,焊枪和刀片相对位置固定,送丝机自动点送一段焊丝后,剪丝机自动将焊丝剪断,使每次剪后的焊丝伸出长度(干伸长)保持一致,均为预定长度(15~25mm)。

**3.清枪站的保养**

清枪站综合了焊枪喷嘴清理和剪丝功能,是焊接生产线的必备设备,主要用以保证生产线的高效运行,而一般焊接工作站较少配备。

在对清枪站维护保养时,必须将压缩空气切断,防止自动或他人误操作,导致清枪站意外启动而对人身产生危险。在清枪站运行时,不得触摸旋转刀头和剪丝机,避免对肢体产生危险,防止身上佩带物品或衣服被旋转的刀头卷入清枪站机构中。在使用硅油喷射装置时,注意防止喷射出的飞溅液意外进入眼睛。清枪站的维护保养内容如下:

(1)由于V形块是焊枪清枪时候的定位装置,与喷嘴必须紧贴,才能保证位置准确。V形块必须每日清理干净,避免清枪时对焊枪造成损坏。

(2)由于V形块在长时间的清枪过程中容易磨损,需要通过V形块调整支架来调节位置,才能保证清枪的准确,须保证清洁干净。

(3)气动马达是清洁焊枪的绞刀的动力装置,因在更换绞刀时需要松开紧固螺栓,将气动马达放下来,才能更换绞刀。所以及时清洁,避免调整气动马达时候产生位置偏差。

(4)定期清理剪丝机气动回路,避免剪丝不顺畅。

(5)收集杯用于盛放焊渣及剪切掉的焊丝。在每班工作完成后,应该及时清理收集杯。

(6)每周拧开气动马达下面的胶木螺丝放水以免使转轴生锈影响转动。每周检查一次硅油瓶中的硅油。

**4.除尘器的维护保养**

焊接工业机器人系统一般采用袋式除尘器,或者过滤网式除尘器,均属于滤料过滤除尘。其中维护保养内容如下:

在袋式除尘器的日常运行中,由于运行条件会发生某些改变,或者出现某些故障,都将影响设备的正常运转状况和工作性能,要定期地进行检查和适当的调节,以延长滤袋寿命,降低动力消耗。

(1)及时检查流体阻力。如出现压差增高,意味着滤袋出现堵塞、滤袋上有水汽冷凝、清灰机构失效、灰斗积灰过多以致堵塞滤袋、气体流量增多等情况。而压差降低则意味着出现了滤袋破损或松脱、进风侧管道堵塞或阀门关闭。箱体或各分室之间有泄漏现象、风机转速减慢等情况。

(2)及时消除安全隐患。在处理焊接尾气时,常有高温的焊渣、火星等进入系统之中,同时,大多数滤料是易燃烧、摩擦易产生积聚静电的材质,在这样的运转条件下,存在着发生燃烧、爆炸事故的危害,务必采取防止燃烧、爆炸和火灾事故的保护措施。

**思考题**

1.什么是 MIG/MAG 焊接?简述 MIG/MAG 焊接的工艺特点和冶金特点。

2.简述常用 MIG/MAG 焊接机器人系统的组成及其特点。

3.试比较经济型、CAN 总线型焊接机器人系统,以及智能机器人系统的组成特点和应用场合。

4.简述一种机器人和焊机的 DEVICE 通信调试的过程,并利用本校的焊接机器人系统进行验证。

5.简述焊接机器人系统中主要设备的维护与保养要求。

# 第8章

# TIG焊接工业机器人系统的集成

## 学习要求

### 知识目标
·形成对TIG焊工业机器人系统的基本认识；
·了解TIG焊工业机器人系统的组成及功能特点；
·掌握TIG焊工业机器人系统集成的基本方法。

### 能力目标
·能够根据焊接要求完成TIG焊机器人系统的集成方案编制；
·能够完成TIG焊机器人系统的初步运行调试；
·能够完成TIG焊机器人系统的日常维护与一般故障排查。

## 8.1 TIG系统的特点分析

### 8.1.1 TIG焊接特点及应用

#### 1.TIG焊的定义

TIG焊接是一种钨极惰性气体保护电弧焊,使用纯钨或钨合金作电极的非熔化极惰性气体保护焊方法,GB/T 5185-1985规定的标注代号为141。TIG焊接利用钨极与工件间产生的电弧热,熔化母材以及填充焊丝,也可以不加填充焊丝仅利用熔化母材形成焊缝的焊接方法,如图8-1所示。

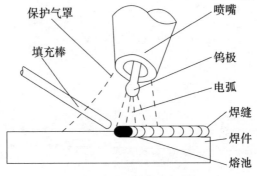

图8-1 TIG焊接示意图

TIG焊与其他焊接方法相比,具有焊接质量好、可焊金属多、适应能力强的特点,但焊接生产率低、生产成本较高。多用于不锈钢、有色金属及其合金的3mm以下薄件,或单面焊双面成形厚件打底的各种位置焊接。

### 2.TIG焊的设备组成

TIG焊接设备由焊机、焊枪、供气系统、冷却系统和控制系统等组成。供气系统由储气瓶、减压阀、流量计和电磁气阀等组成。焊接电流大于150A时需要配置冷却系统以冷却焊接电缆、焊枪和钨极。

TIG焊机可以采用具有陡降外特性或垂直下降外特性直流、交流或交、直流两用电源,以保证在弧长发生变化时,减小焊接电流的波动。交流焊机电源常用动圈漏磁式变压器,直流电源可用硅整流电源、晶闸管式整流电源或逆变式整流电源。

TIG焊焊枪用于夹持电极、导电及输送保护气体。小电流(最大电流不超过150A)焊接常用气冷式焊枪,焊接电流大于150A时常用水冷式焊枪。焊枪一般由枪体、喷嘴、电极夹持机构、电缆、氩气输入管、水管和开关及按钮组成。

TIG焊的控制系统通过控制线路对供电、供气、引弧与稳弧等各个阶段的动作程序实现控制,图8-2所示为交流手工TIG焊的控制程序方框图。

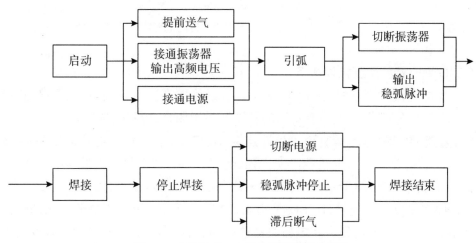

图8-2 交流手工TIG焊的控制程序方框图

### 3.TIG焊接材料

TIG焊接材料主要有钨极和焊丝两种,有时也将保护气体作为焊接材料。

钨极用于传导电流、引燃电弧和维持电弧正常燃烧,应具有较大的许用电流,熔点高、损耗小,引弧和稳弧性能好等特性,常用纯钨极、钍钨极和铈钨极等三种。纯钨极要求钨纯度达到99.85%以上,常用牌号是W1、W2。纯钨极常涂成绿色,对焊机的空载电压要求较高,使用交流电时,承载电流能力较差,目前很少采用。钍钨极涂成红色,在纯钨中加入了1%~2%的氧化钍($ThO_2$),常用牌号是WTh-10、WTh-15。钍钨极使电子发射率提高,增大许用电流,降低空载电压,但有微量的放射性。铈钨极涂成灰色,在纯钨中加入了2%的氧化铈(CeO),其牌号为WCe-20。铈钨极比钍钨极更容易引弧,使用寿命长,放射性极低,是目前主要使用的电极材料。

焊丝选用的原则是熔敷金属化学成分或力学性能与被焊工件材料相当。氩弧焊用焊丝主要分钢焊丝和非铁金属焊丝两大类。氩弧焊用钢焊丝可按《气体保护电弧焊用碳钢、低合金钢焊丝》GB/T 8110—1995选用,不锈钢焊丝按《焊接用不锈钢焊丝》YB/T 5092—1996选用。

焊丝直径主要有0.8、1.0、1.2、1.6、2.0、2.4、2.5、4.0、5.0mm等,一般选用2.0~4.0mm。

### 8.1.2 TIG焊接工艺分析

#### 1.TIG焊焊前准备

坡口的形式及尺寸:参考JB/T 9185-1999的相关内容和《气焊、焊条电弧焊及气体保护焊焊缝坡口的基本形式与尺寸》GB/T 985-1988来选定。

焊前清理:氩弧焊时,对材料的表面质量要求很高,焊前必须经过严格清理,清除填充焊丝及工件坡口和坡口两侧表面至少20mm范围内的油污、水分、灰尘、氧化膜等。

清理方法:有机溶剂或专用清洗液清洗去除油污、灰尘;机械或化学清理去除氧化膜。

#### 2.TIG焊电源种类及极性选择

TIG焊的电流种类和极性与MIG/MAG类似,主要有直流正接、直流反接、正弦交流、变极性方波交流等,它们各有不同的特点和适用场合,应正确选择。

(1)直流TIG焊。TIG焊直流正极性连接(DCEN)是指工件接电源正极,钨极接电源负极的焊接方法。具有电极载流能力强、熔深大、钨极烧损少、引弧容易等优点,但没有阴极清理作用,可用于除铝镁(AL/Mg)之外的大多数焊接场合。

TIG焊直流反极性连接(DCEP)是指工件接电源负极,钨极接电源正极的焊接方法。具有阴极清理作用,但存在电极载流能力弱、熔深小、钨极烧损严重,以及引弧困难等问题,实际中很少采用。

直流反接时,工件为阴极,正离子向工件运动。直流反接时,弧柱氩气电离后形成的大量正离子在电场力的作用下,高速正离子流将猛烈地冲击熔池和它周围的工件表面,使难熔的金属氧化物破碎并将它们除去,这种现象叫阴极清理作用。由于阴极清理作用,在焊接过程能除掉金属表面难熔的氧化膜,可以使焊接铝、镁等活泼金属变得很容易。但直流反接时,阴极斑点在熔池表面活动范围较大、散热快,发射电子能力较弱,因此,电弧稳定性较差。同时,钨极接正极时发热量大,烧损严重,许用电流太小,因此,在一般情况下,不采用直流反极性接法,只在熔化极氩弧焊时才采用直流反接。

直流正接时,阴极斑点比较稳定,发射电子的能力强,电弧稳定,钨极的许用电流大,烧损小,而且工件上的温度较高,故适于用来焊接熔点较高或导热性较好的金属,如不锈钢、铜,以及铜合金等。

(2)交流TIG焊。交流TIG焊兼有上述两种接法的优点,正半周电极烧损降低,钨极的许用电流较大,弥补了直流反接的不足;负半周获得阴极清理作用,熔深、钨极的电流承载能力介于直流正接(DCEN)与直流反接(DCEP)之间,故适于表面易氧化、氧化膜致密的铝、镁、铝青铜等合金的焊接。

交流TIG焊接的电流形式主要有正弦波、变脉宽方波和变极性方波等几种,如图8-3所示。

正弦波交流设备简单,但电弧稳定性差,需要配有特别的稳弧措施,有直流分量,需要采用特别措施加以消除。变脉宽方波交流的设备复杂,但电流参数灵活、电弧稳定、钨极烧损少,比正弦波交流有优势。变极性方波交流的特点与变脉宽方波交流相同,因负半周电流大小对阴极清理作用影响更大,性能更好。

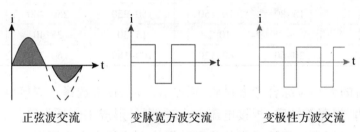

正弦波交流　　　　变脉宽方波交流　　　　变极性方波交流

图8-3　交流TIG焊的电流形式

综上所述,低碳钢、低合金钢、不锈钢、耐热钢、铜、钛及其合金,常用直流正接,交流电流主要用于铝镁及其合金的焊接,而直流反接TIG很少采用。

### 3.钨极直径和端部形状选择

钨极的直径选择取决于工件厚度、焊接电流的大小、电流种类和极性。原则上应尽可能选择小的电极直径来承担所需要的焊接电流,生产中常使用Φ2.0~4.0mm。

端部形状的选择主要取决于电源性质,直流电源通常使用直径3.2mm以下的长尖端钨极,直径3.2mm及以上的钨极为短尖端,而交流电源常用平尖端电极,如图8-4所示。

若选用的钨极直径较粗,则焊接电流很小。当电流密度较低时,钨极端部温度低,电弧会在钨极端部不规则地漂移,造成电弧不稳定,从而破坏保护区,熔池易被氧化。

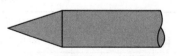

小于3.2mm的直流TIG焊钨极端部形状

直径3.2mm及以上钨极端部形状

交流TIG焊钨极端部形状

图8-4　钨极端部形状

当焊接电流超过相应直径的许用电流时,由于电流密度太高,钨极端部温度达到或超过了钨极的熔点,会出现端部局部熔化现象。当电流继续增大时,熔化的钨极会在端部形成一个小尖状突起,逐渐变大形成熔滴。电弧在熔滴尖端漂移造成电弧很不稳定,不仅破坏了氩气保护区,使熔池被氧化,焊缝成形不好,而且熔化的钨落入熔池后将产生夹钨缺陷。当焊接电流合适时,电弧稳定,保护效果好,焊接质量好。

同一种直径的钨极,在不同的电源和极性条件下,允许使用的电流范围不同。相同直径的钨极在采用直流正接时,许用电流最大;直流反接时,许用电流最小。交流时许用电流介于二者之间。脉冲TIG焊的许用电流可提高40%~100%。

### 4.焊接电流选择

不同电源极性和不同钨极直径所对应的许用电流如表8-1所示。

表8-1 不同电源极性和不同钨极直径所对应的许用电流

| 钍钨极直径许用电流范围A电源极性 | 1.0 | 1.6 | 2.4 | 3.2 | 4.0 |
|---|---|---|---|---|---|
| 直流正接 | 15~80 | 70~150 | 150~250 | 250~400 | 400~500 |
| 直流反接 | ~ | 10~20 | 15~30 | 25~40 | 40~55 |
| 交流电源 | 20~60 | 60~120 | 100~180 | 160~250 | 200~32 |

焊接电流的大小应综合考虑材质、板厚、焊接位置来选择。焊接电流太大时,易产生焊缝咬边、焊漏等缺陷;焊接电流太小时,则易形成未焊透焊缝。焊接电流的选择应保证单位时间内给焊缝适宜的热量。焊接电流的大小主要影响熔深,对焊缝的宽度和余高影响不大。

通常根据板厚、材质、接头形式、焊接速度等焊接条件(参数)选定合适的焊接电流。常用的TIG焊焊接电流如表8-2所示。

表8-2 TIG焊常用电流一览表

| 不锈钢和耐热钢TIG焊的焊接电流 | | | |
|---|---|---|---|
| 材料厚度(mm) | 钨极直径(mm) | 焊丝直径(mm) | 焊接电流(A) |
| 1.0 | 2 | 1.6 | 40~70 |
| 1.5 | 2 | 1.6 | 40~85 |
| 2.0 | 2 | 2.0 | 80~130 |
| 3.0 | 2~3.2 | 2.0 | 120~160 |
| 铝合金TIG焊的焊接电流 | | | |
| 材料厚度(mm) | 钨极直径(mm) | 焊丝直径(mm) | 焊接电流(A) |
| 1.5 | 2 | 2 | 70~80 |
| 2.0 | 2~3.2 | 2 | 90~120 |
| 3.0 | 3~4 | 2 | 120~130 |
| 4.0 | 3~4 | 2.5~3 | 120~140 |

### 5.电弧电压

焊接电压主要影响焊缝的宽度,对熔深的影响不大。电弧电压增高时,焊缝宽度增加,熔深稍有减小。手工TIG焊时,焊接电压主要由弧长决定,电弧越长,焊接电压越高,观察熔池越清楚,加丝也比较容易,即不易碰上钨极。

合适的弧长应近似等于钨极的直径,不加填充焊丝焊接时,弧长以控制在1~3mm为宜,加填充焊丝焊接时,弧长约3~6mm。电弧电压由电弧长度决定,弧长不能太长,否则容易产生未焊透及咬边缺陷,气体保护效果差,容易出气孔。因此,在保证不发生短路的情况下,应尽量采用较短的电弧进行焊接。电弧也不能太短,电弧太短时,熔池观察不清,加丝时焊丝容易碰到钨极,引起短路或污染钨极,产生夹钨缺陷,并加快钨极的烧损。

GB标准中规定的焊接电流与焊接电压的关系如下式,但电流大于600A时,电压维持恒定34V:

$$U = 10 + 0.04I \tag{8-1}$$

### 6.焊接速度

在焊接电流一定的情况下,焊接速度的选择应保证单位时间内给焊缝适宜的热量。根据焊接热量三要素电流$I$、电弧等效电阻$R$和对被焊部位施加热量的时间$t$之间的关系式选定焊接速度:

$$热量 = I^2 Rt \tag{8-2}$$

焊接速度增加时,焊道窄,熔深浅,但焊接速度太快时,易产生未焊透缺陷。焊接速度慢时,焊道宽,熔深深,但速度太慢时易产生焊漏、烧穿。选择焊接速度时还应考虑以下因素:

(1)焊接铝及铝合金等高导热金属时,为了减少变形,应采用较快的焊接速度。

(2)焊接有裂纹倾向的合金时,不能采用高速焊接。

(3)在非平焊位置上焊接时,为保证较小的熔池,避免铁水下流,尽量选择较快的焊接速度。

(4)焊接速度太快时,会降低保护效果,特别是在自动TIG焊时,如焊速太高,可能使熔池裸露在空气中,如图8-5所示。

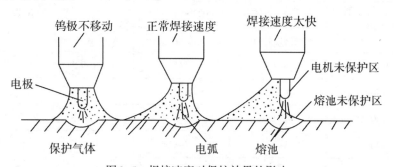

图8-5 焊接速度对保护效果的影响

焊接速度通常需要根据熔池大小、形状和焊件熔合情况随时调节。过快的焊接速度会破坏保护气氛,使焊缝易产生未焊透、气孔、夹渣和裂纹等缺陷。但焊接速度过低时,焊缝又容易产生焊穿、咬边等缺陷。

**7.喷嘴与焊件间距离**

喷嘴端面至工件表面的距离叫喷嘴高度,如图8-6所示。喷嘴高度越小,保护效果越好,但能观察的范围和保护区较小,填充焊丝比较困难,施焊难度较大;喷嘴高度太小时,容易使钨极与焊丝或熔池短路,产生夹钨缺陷;喷嘴高度越大,能观察的范围越大,但保护效果差。一般喷嘴高度应为8~14mm。

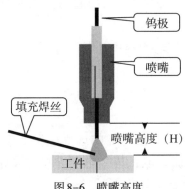

图8-6 喷嘴高度

**8.氩气流量和喷嘴直径**

通常根据焊接电流的大小确定钨极直径,根据钨极直径确定喷嘴孔径。焊接电流越大,选用的钨极直径越粗,喷嘴孔径越大,相应的氩气流量也越大。

对应于某一选定直径的喷嘴,有一个合适的氩气流量范围。氩气流量太小时,保护气体软弱无力,保护区小,抗风能力差;流量太大时,保护气体呈紊流喷出,会将空气卷入焊接区,很容易产生气孔,并使焊缝金属氧化、氮化,保护效果极差;流量合适时,保护气体呈层流状喷出,保护气体不仅刚性好,而且保护范围大,焊接质量好。喷嘴孔径与氩气流量的选用范围如表8-3所示。

表8-3 喷嘴孔径与氩气流量选用表

| 推荐参数焊接电流/A | 直流正极性TIG焊 | | 交流TIG焊 | |
|---|---|---|---|---|
| | 喷嘴孔径/mm | 氩气流量/L/min | 喷嘴孔径/mm | 氩气流量/L/min |
| 10~100 | 4~9.5 | 4~5 | 8~9.5 | 6~8 |
| 101~150 | 4~9.5 | 4~7 | 9.5~11 | 7~10 |
| 151~200 | 4~13 | 6~8 | 11~13 | 7~10 |
| 201~300 | 8~13 | 8~9 | 13~16 | 8~15 |
| 301~500 | 13~16 | 9~12 | 16~19 | 8~15 |

为了获得良好的保护效果,必须使氩气流量与喷嘴直径匹配。喷嘴直径影响着保护区范围,一般根据钨极直径来选择,喷嘴直径=2倍钨极直径+4mm。

　　氩气流量合适,熔池平稳,表面明亮无渣,无氧化皮痕迹。氩气流量不合适,熔池表面有渣,焊缝表面发黑或有氧化皮。氩气流量=(0.8~1.2)钨极直径,一般6~12L/min。

### 9. 钨极伸出长度

　　钨极伸出长度,是指露在喷嘴外面的那段钨极长度,它是为了防止喷嘴过热或烧坏喷嘴必需的,如图8-7所示。钨极伸出长度不仅影响保护效果,还影响钨极的最大允许电流。这段钨极只传导焊接电流,不受电弧热作用,但电流流过时会产生电阻热,如这段长度越长,同一直径的钨极的许用电流越小。

　　钨极伸出的长度越短,喷嘴离工件越近,对钨极和熔池的保护效果越好,但妨碍观察熔池,并且容易烧坏喷嘴;钨极伸出长度越长,对钨极和熔池的保护效果越差,钨极寿命越短。通常焊对接焊缝时,钨极伸出喷嘴外5~6mm为宜;焊T形焊缝时,以段长度为7~8mm为宜。

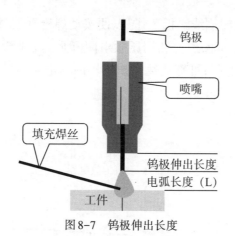

图8-7　钨极伸出长度

### 8.1.3　TIG焊接常用焊机

　　目前,TIG焊机的品牌和种类很多,但基本功能大同小异,下面以松下脉冲氩弧焊机YC-300TSP为例说明TIG焊机的功能特点及常用功能的设置。

　　YC-300TSP是集成电路控制的晶闸管整流钨极惰性气体保护焊机,适用于不锈钢、低碳钢、高强钢及Cr-Mo钢、铜等材料的TIG焊接,广泛应用于石油化工、压力容器、电力建设、不锈钢制品等多种行业。YC-300TSP既能进行脉冲TIG焊,又具有直流手工电弧焊功能,可满足直流TIG焊接的各种需求,在同类型产品中处于领先水平。其技术参数如表8-4所示。

表8-4　YC-300TSP焊机技术参数表

| 项目名称 | 技术参数 | 项目名称 | 技术参数 | 项目名称 | 技术参数 |
|---|---|---|---|---|---|
| 控制方式 | 晶闸管 | 额定输入容量 | 16.5/11.5kVA/kW | 额定负载持续率 | 60% |
| 额定输入电压 | AC380V 3相 | 额定输出电流 | 300A | 冷却方式 | 强制水冷 |
| 输入电源频率 | 50/60Hz | 额定输出电压 | 22.6V | 外形尺寸 | 470mm×560mm×845mm |

**1.YC-TSP300焊机的主要功能和特点**

(1)缺相保护功能。焊机输入的三相电源缺相时,焊机的缺相保护电路工作,焊机不再输出焊接电流,焊机停止焊接,达到保护电焊机,保障焊接质量的目的。

(2)外电波动补偿功能。当电源电压在允许范围±10%(342~418V)之间波动时,焊机具有自动补偿功能,使焊机输出的焊接电流不随外电的波动而波动,保证焊接稳定进行。

(3)焊机空载延时节电功能。焊接结束25秒后不继续焊接,交流接触器触点自动断开,焊接变压器断电。以降低焊接变压器的空载损耗。此时只对焊机中控制变压器供电,维持冷却风扇及印刷线路板工作,以便按动焊枪开关时可继续进行焊接。

(4)电源输入瞬间过压保护。利用压敏电阻和放电器吸收或泄放输入电源上迭加的杂波以及雷电感应电压,可有效地保护焊机内的电子器件,但机壳必须接地。如图8-8所示。

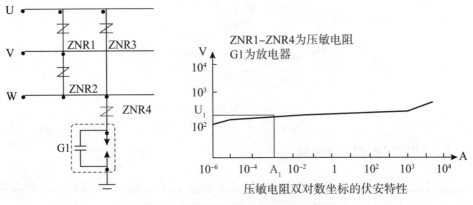

图8-8　电源输入瞬间过压保护示意图

(5)YC-300TSP焊机特点。松下 YC-300TSP 焊机具有直流脉冲 TIG 焊、直流 TIG 焊和直流手工焊三种作业方式,采用恒流控制使焊接电流在外部条件变化时也能保持稳定,采用 IC 及晶闸管技术,瞬时引弧率接近100%,高速焊接时也能保持电弧柔和稳定,根据不同用途可进行"有/无/反复"3种收弧控制。

**2.焊机功能选择与设置**

(1)焊机异常保护和焊炬选择。焊机超负荷工作将引起机内焊接变压器和晶闸管温度上升,水压不足(小于1.2kgf/cm²)将导致焊炬烧毁。焊机异常保护功能将控制焊机自动停止工作,并在焊机前面板上进行异常显示。焊接前应检查焊炬琴键开关位置是否与使用的焊炬相符,如使用风冷焊炬时必须将琴键开关按下,否则焊机报警无法工作,如图8-9所示。

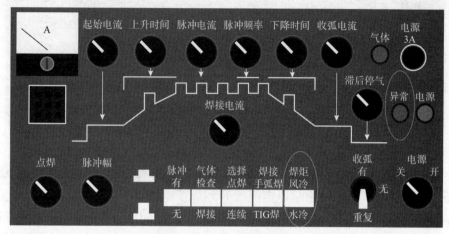

图8-9 焊机异常和焊炬选择

(2)提前送气、滞后停气功能。为防止焊缝的起始、结束端产生气孔,必须保证整个焊接过程都在气体保护下进行,因此,应提前0.3秒送气,滞后2~23秒停气。滞后停气时间与焊接电流大小有关,焊接电流小于100A,滞后时间为5秒;小于200A时可选择滞后10秒;300~500A时一般选择滞后停气时间为20秒。可通过面板上滞后停气时间调节旋钮进行设定,如图8-10所示。

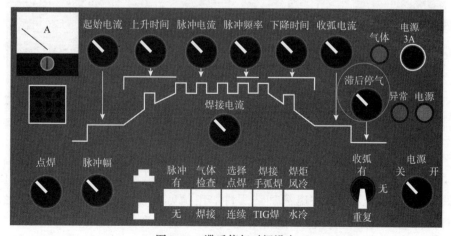

图8-10 滞后停气时间设定

(3)收弧功能选择。根据不同用途,YC-300TSP焊机可选择"有/无/反复"3种收弧控制,转动收弧旋钮至特定位置,即可将其设定为有收弧、无收弧和反复收弧等三种方式,如图8-11所示。

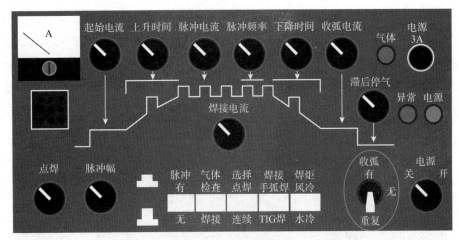

图 8-11　收弧功能设置

　　(4)焊接电流缓升、缓降功能设置。对热敏感的材料,需要使工件的温度缓慢上升或下降,即在焊接开始时由起始电流缓升到焊接电流,焊接结束时由焊接电流缓慢下降到收弧电流,其缓升、缓降的速率可通过上升时间或下降时间旋钮进行设定。300TSP焊机在选定"有收弧"或"反复收弧"时具备此功能,上升时间和下降时间调节范围均为0.2~10秒,如图8-12所示。

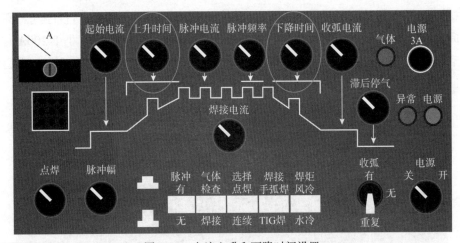

图 8-12　电流上升和下降时间设置

　　(5)脉冲焊接功能。脉冲钨极氩弧焊和一般钨极氩弧焊的主要区别在于它采用低频调制的直流或交流脉冲电流加热工件。电流幅值按一定频率周期地变化,脉冲电流时工件上形成熔池,基值电流时熔池凝固,焊缝由许多焊点相互重叠而成。调节脉冲电流和基值电流的幅值、脉冲电流和基值电流的持续时间,可对焊接热量的输入进行控制,从而更精确地控制焊缝和热影响区的尺寸与质量。如图8-13所示。

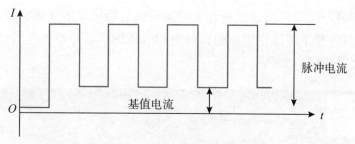

图8-13　直流脉冲焊接电流波形

脉冲焊接可精确地控制工件的热输入和熔池尺寸,提高焊缝搞烧穿和熔池的保持能力,更适合全位置焊接和单面焊双面成形。脉冲电弧可用较低的热输入获得较大的熔深,可减少焊接热影响区和焊件变形。脉冲电流对点状熔池有强烈的搅拌作用,熔池金属冷凝速度快,焊缝金属组织细密,树枝状结晶不明显,焊热敏感金属时不易产生裂纹。脉冲焊接时焊缝由连续均匀的点状熔池凝固后重叠而成,焊缝成形美观、漂亮。每个焊点加热和冷却迅速,适合厚度差别大、导热性能差别大的工件焊接。

(6)点焊功能设置。点焊就是用焊炬端部的喷嘴将被焊的两块母材压紧,保证结合面密合,靠钨极和母材之间的电弧将金属熔化形成焊点的焊接方法。

YC-300TSP焊机进行点焊时,需配置点焊喷嘴和点焊附加器,将面板上琴键开关置于点焊位置,然后设定点焊时间(0.5~5秒)、焊接电流、滞后停气时间,如图8-14所示。

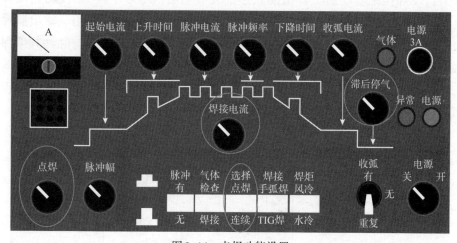

图8-14　点焊功能设置

TIG点焊具有焊点尺寸容易控制,焊点强度调节范围宽,需施加的压力小,可不同加压装置,耗电量少,设备费用低廉的特点。可单面进行点焊,更适合无法从两面进行操作的构件,厚度悬殊的工件或多层板材的点焊。

(7)气体检查/焊接和显示。焊接前必须调整、设定气体流量。在连接好供气系统,打开气瓶阀门,合上焊机电源开关后,将焊机前面板上气体琴键开关置于"检查"

位置,电磁气阀打开,即可通过流量计上的流量调节旋钮设定气体流量。设定完毕或焊接时,此开关应置于焊接位置。前面板上的气体指示灯与电磁气阀动作同步,即供气时指示灯亮,如图8-15所示。

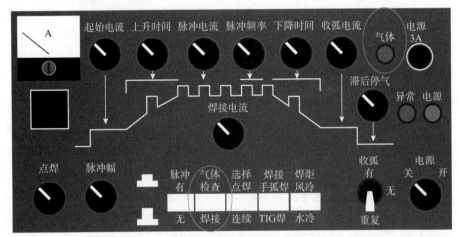

图8-15 气体流量设置与使用

(8)手弧焊和TIG焊转换功能。将焊机前面板焊接琴键开关按下即可进行手工电弧焊。打开电源开关,冷却风扇转动,同时主晶闸管接通,设定焊接电流调节旋钮即可进行焊接。

(9)自动焊接配套功能。焊机隔板后部装有输出信号端子排,以便与自动焊机连接、自动添丝装置配套时保持焊接动作的同步。端子排中67和73用于输出脉冲同步信号,即在YC-300TSP焊机进行脉冲焊接时,脉冲检测接点的动作与脉冲频率保持同步。端子排中75和76用于输出引弧成功信号,即在焊机引弧成功后,电流检测接点闭合。59和98用于输出非常停止信号,使用时将内部的短路板摘掉,工作过程中如出现紧急情况,使59和98开路,则焊机停止焊接。如图8-16所示。

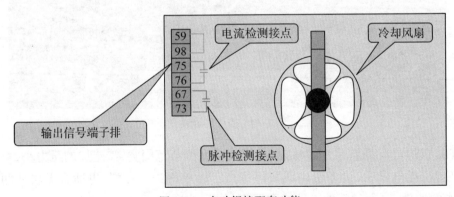

图8-16 自动焊接配套功能

# 8.2 TIG焊接工艺特点分析

## 8.2.1 焊接准备

TIG焊对工件表面的清洁要求很高,需要对工件的焊缝区域通过磨、刷、喷砂、喷小钢球、酸洗等方法使之呈现出金属光泽。不允许包括氧化皮在内的任何杂质进入母材,杂质将对焊接过程和焊缝的耐腐蚀性带来不利的影响。油污、油脂、油漆和水分均可能引起焊缝的气孔。

如在工地等环境下作业时,应避开门、窗和风扇防止穿堂风吹跑氩气流,引起故障和气孔。同时保持焊接工作台的清洁,以及储放焊丝的存放场地的清洁。

在焊接前,应选择合适的夹具、冷却设备和保护气体设备施焊,以保证获得优良焊缝质量和尺寸精度。应选择合适的电流种类、电源形式、焊接电流范围、焊炬种类和大小、气体喷嘴、喷嘴尺寸、气体流量、电极的材料和直径、填充焊丝种类和直径等。根据工件材料,以及厚度和外形尺寸、坡口形状、导热垫板、夹紧元件、保护气体种类、焊接速度和电极端部形状选择合适的焊接电流。

## 8.2.2 焊接工艺过程

### 1.焊前进行装配点焊

TIG焊的焊接速度相对较小,容易产生剧烈的变形。如果工件在焊接时没有牢固可靠的夹具,必须先进行装配点焊。除了考虑变形问题须进行装配点焊外,有些工件有角度要求,工件相互间应留一定间隙,以及考虑到膨胀和收缩的需要,也必须先点焊,否则便不能正式焊接。

批量生产时,必须使用焊接夹具,并尽量靠近焊缝以省掉装配点焊工序。点焊位置也会产生收缩,若点焊顺序不当,收缩严重受阻时,点焊位置也会产生裂纹。装配点焊应由中间向两侧交错进行,焊缝端部不得点焊,从而确保在开始和结束焊接部位得到可靠的熔池。装配点焊位置的长度和相互间距取决于板厚。

两点焊的焊点之间的最小距离不得小于2倍板厚,一般为板厚的20倍,但也不宜间距过大,应保证能够承受膨胀和收缩力的作用,使焊件能保持在预定位置。为了避免焊根缺陷,有裂纹的焊根部位不得直接再焊,正式焊接前必须先将裂纹磨掉。

### 2.引弧

TIG焊应在焊接部位引弧,不允许在母材的非焊接部位引弧。以避免在引弧处表面出现诸如带裂纹的弧坑等损伤,将降低材料的价值。引弧方法有接触引弧和非接触引弧两类。

(1)接触引弧。接触引弧是一种没有辅助引弧装置的引弧方法,是让钨极短瞬间接触工件,靠短路而引弧。接触引弧时,电极易粘附在坡口上引起焊缝缺陷,最好能在焊接部位放一块铜板来引弧,绝对不允许用碳板来引弧。如用碳板引弧,则易在钨极尖部产生碳化钨,碳化钨的熔点比钨低,会在钨极尖部出现大的熔滴,造成电弧不稳和熔池下陷。

这种接触引弧方法,不需要专门的引弧设备,价格便宜。但可能导致电极、工件损伤或不纯,引弧过程较长,对交流电源和铝材焊接均不适用。

(2)非接触引弧。具有高频设备或高压脉冲设备的焊机可用无接触引弧。当钨极尖部接近到距离工件约2mm时,开启电流继电器便可自动引弧。非接触引弧方法不会在工件、电极上出现杂质,引弧过程迅速、简单,自动化程度高,既可以用于直流电源,也可以用于交流电源。

除上述这两类引弧方法外,还有一些TIG焊接设备,可采用在钨极和环形附加电极间产生的辅助电弧来实现引弧,多用于全自动钨极氩弧焊机。

### 3.焊炬的操作

引弧后,首先应使焊炬作画圆圈状运动,用电弧将焊接起始部位熔化,然后才能开始真正的焊接。对于连接焊缝,焊炬应倾斜约20°,焊炬尖部指向焊接方向进行焊接,如图8-17所示。

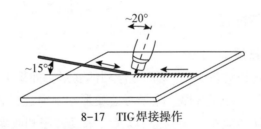

8-17　TIG焊接操作

对于上升焊缝和下降焊缝,焊炬应垂直于工件平面握持,选择合适的焊接速度以得到宽度均匀的焊道。焊接薄板时应避免焊炬摆动,以免影响保护气体输送。对于厚板填充焊道则应轻微地摆动焊炬,以使两坡口能够充分地熔化。

TIG焊接结束后,保护气体应滞后10~15秒停气,以保护处在液态的熔池和温度高的电极。

### 4.焊接中断时的注意事项

包括装配点焊每焊好一个焊点后的每次中断焊接,都必须先关掉焊接电流,将焊炬平稳地保持在与最后焊炬位置相同的距离,让滞后保护气体在熔池凝固前多保护几秒钟,免受大气中氧的侵入。

焊到焊缝端部时,可通过开关或可编程序的焊接电流衰减电路降低电流,以确保防止过热和裂纹。焊缝完全凝固后,在焊缝端部弧坑部位可用较小电流强度重新引弧,用焊丝将弧坑填满。或者在焊缝端部设置预焊板,使弧坑只产生在预焊板上,焊好后将其割掉。

### 5.钨极氩弧焊常见的焊接缺陷

TIG焊接的常见焊接缺陷如表8-5所示。

表8-5　YC-300TSP焊机技术参数表

| 焊接缺陷状态 | 产生原因 | 补救措施 |
| --- | --- | --- |
| 白色烟雾,钨极尖部氧化 | 氩气不足 | 确保保护气体供应充足 |
| 气孔 | 工件上有油污、油脂、油漆或潮气 | 清洗工件表面 |
| 表面氧化 | 因软管和保护气体喷嘴密封性差,吸入了空气。焊接时,焊炬距离过大,氩气流量过大。焊炬内,冷却水密封不良,焊炬内有冷凝水 | 仔细检查氩气管路,焊炬倾角、通风、喷嘴尺寸和氩气流量。检查焊炬在焊接休息时是否关闭了给水电磁阀 |
| 1、焊缝背面氧化热变色,2、灰色氧化皮,3、粗糙,4、燃烧 | 焊根保护不够 | 确保焊根的保护良好 |
| 电弧不稳,出现金属烟雾,熔池较小 | 电极端部有杂质,坡口上有油漆,熔池有焊渣,电弧过长,受磁力影响 | |

## 8.3　TIG焊接机器人系统的连接与调试

随着装备制造业的快速发展,中厚板焊接应用越来越广泛。传统的中厚板焊接大多采用单面电弧焊接,但其熔透能力有限,需要正面坡口、反面清根、刨槽、打磨、预热等复杂繁琐的工艺,效率低成本高,而且容易产生气孔、热裂纹、未熔合等焊接缺陷和变形。双面双弧焊接(Double Side Arc Welding,DSAW)是近年快速发展的高效焊接方法,广泛用于中厚板的焊接。机器人自动焊接与双面双TIG弧结合是中厚板TIG焊接的发展趋势。本章将以双面双TIG弧机器人焊接系统为例,简单介绍TIG焊接机器人系统的连接与调试。

### 8.3.1　双面双TIG弧机器人自动焊接系统

双面双TIG弧(DSAW)自动焊接系统组成如图8-18所示,主要包括双机器人系统、电气控制系统、焊接电源系统、工装系统和其他辅助装置。

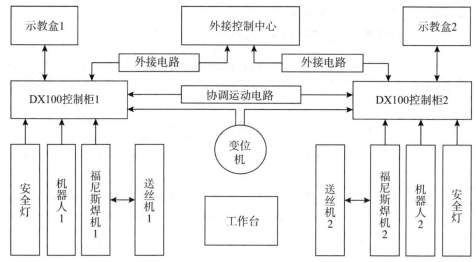

图8-18　双面双TIG弧焊接机器人系统构成

安川MOTOMAN—MH6机器人的2个DX100控制柜与2台福尼斯焊机,通过Device net现场总线、机器人接口和弧焊基板实现通信,电流电压、起弧熄弧、送丝、退丝设定等焊接参数可以由示教编程器设置。因此,工作站的焊接模式有通过焊机面板进行焊接参数设定的近控模式和JOB模式2种。

福尼斯焊机与送丝机相互通信,送丝机的工作状态将反馈至焊机主控板。当出现送丝故障时,焊接自动停止,形成自保护,有效防止设备的损害。

当焊接工件比较复杂需要7~8轴协同时,可以使用旋转+翻转型变位机进行工件装夹。焊接变位机与机器人控制柜通过现场总线连接,经DX100控制柜的模式设置实现8轴协同,使工作站对于复杂焊件的装夹有良好的适应性。

双机器人之间由同步通信电路实现协调运动,保证焊枪起弧、行走、焊接的同步性。外接电路使外接控制中心和DX100控制柜中的CN308插槽的外接端口相连,将DX100控制柜的主要控制功能引伸到外接控制面板上,通过外接控制中心进行焊接过程的操作与控制。

双机器人自动焊接系统用于中厚铝合金板的双面双TIG弧自动焊工艺,双面双TIG弧同轴垂直方向上的焊接如图8-19所示。该系统可实现2个电弧,同时在工件的两面进行"立-立"焊、"横-横"焊或"平-仰"焊。双机器人通过同步协调运动,保证两焊枪的钨极中心处于同一轴线上,同时起弧、同时行走、同步焊接。因此,两侧TIG电弧燃烧产生的熔池处于同一高度,形成共熔池焊接,最大程度地利用电弧热量,免除了中厚板铝合金焊接的清根工序,从而保证焊接的高效性和稳定性。

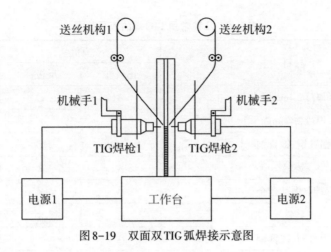

图8-19 双面双TIG弧焊接示意图

### 8.3.2 双面双TIG弧自动焊接系统构成

#### 1.双机器人

双机器人系统中采用安川MOTOMAN-MH6机器人,机器人负载能力为6kg,重复定位精度+0.08mm,工作半径为381~1422mm。在DXIOO控制柜选装了弧焊基板JANCD-YEWOI—E和ROB5000机器人接口,可方便地实现机器人控制柜与焊机的通信。使用job模式替代焊机面板对起弧、熄弧、送丝和送气等焊接功能进行控制。

#### 2.TIG焊接电源

两台福尼斯TIG焊机的型号为Magic Wave-4000,三相400V±15%,焊接电流范围为3~400A,同时配备有Fronius KD1500-D11送丝机。TIG焊枪使用宾采尔公司的TBI AT 420水冷结构,暂载率100%(10min),焊接直流电流为400A,交流电流为500A。钨极直径适用范围为1.6~6.4mm。

#### 3.三维柔性工装和旋转变位装置

本系统的辅助装置包括工作台、三维柔性工装和旋转+翻转式变位机。三维柔性工装和变位机的功能特点详见相关章节阐述。

变位机通过控制柜的安川模式设置实现与控制柜的通信,由机器人示教器控制其旋转、翻转角度及速度,与机器人形成8轴协同控制系统,以适应复杂工件的焊接。

## 8.4 TIG焊接系统的使用与维护

### 8.4.1 TIG焊接的合理选择

TIG焊接是一种可以获得较高力学性能,且焊缝成形美观的焊接方法,但焊接成本较高,焊接速度较低(10~50cm/min),生产效率不高。因此,需要从产品的技术要求和经济指标两方面综合考虑,选择合适的TIG焊接方法,如表8-6所示。

表8-6　几种常用TIG焊的应用范围

| 材料 | 直流 | | 交流 |
| --- | --- | --- | --- |
| | 正极性 | 反极性 | |
| 铝（厚度2.4mm以上） | × | ○ | △ |
| 铝（厚度2.4mm以下） | × | × | △ |
| 铝青铜、铍青铜 | × | ○ | △ |
| 铸铝 | × | × | △ |
| 黄铜、铜基合金 | △ | × | ○ |
| 铸铁 | △ | × | ○ |
| 无氧铜、硅青铜 | △ | × | × |
| 异种金属 | △ | × | ○ |
| 堆焊 | ○ | × | △ |
| 高碳钢、低碳钢、低合金钢 | △ | × | ○ |
| 镁（3mm以下） | × | ○ | △ |
| 镁（3mm以上） | × | × | △ |
| 镁铸件 | × | ○ | △ |
| 高合金、镍与镍基合金、不锈钢 | △ | × | ○ |
| 钛 | △ | × | ○ |
| 银 | △ | × | ○ |

注：表中△为最佳方法，○为可选用，×为不可用

### 8.4.2　TIG焊机的安装

**1.安装前的检查与准备**

（1）安装前检查。新焊机在开箱后，应按其装箱清单检查备件是
否齐全，并将所附备件保存好。焊机在安装前，应对其电气系统以及
各种附件进行检查。电源除检查绝缘外，还应检查各调节开关、旋钮、

伺服焊钳工作原
理与结构组成

指示灯、熔断器、仪表及流量计等是否齐全，调节是否灵活可靠，有无损坏和丢失。此
外，还要对焊机内的各管路、接头进行检查，是否存在松弛、滑脱现象。若在检查中发
现异常现象，应及时排除。

焊机安装前应对焊炬进行检查，包括气管、水管是否畅通，有无意外破损，喷嘴和
焊矩之间的连接是否正常，瓷制喷嘴有无裂纹，各密封圈是否齐全等。最后，还要用
万用表测量焊矩开关、连接线及接头是否接触良好，有无脱焊、损坏现象。在上述检
查过程中，应了解焊机各管道接头的尺寸，以便确定自配进/出水管，进气管的管径
大小。

（2）安装前准备。按焊机说明书或自行设计的焊机安装图,将焊机、气瓶、水源摆放至合理位置,保证结构紧凑,使用方便,并能避免水、气管急弯现象。在指定位置上,应设置自来水管和排水沟,或者放置循环水槽。还应安装足够容量的配电板,准备氩气瓶、减压阀和内径合适的水管、气管等。

**2.焊机的安装**

（1）电气安装。根据焊接电源的要求选择合适的电源电缆线、熔断器和开关等,按焊机说明书中的电气接线图进行接线。直流电源接线时,应注意其输出端极性,负极一定要接于焊炬上。交流电源安装时,带控制箱的焊机必须使电源和控制箱接在相同的相线上。否则,在调试焊机时将无法使控制箱和电源保护同相位,导致焊机无法正常工作。

（2）供水系统的安装。供水系统的安装比较简单,只需用接头完成水管的串接,保证水流畅通,在接头处不漏水即可。橡胶水管的弹性好可以套在接头上,而塑料管需稍微加热,使端部变软胀大后套在接头上。无论采用哪种管子都需在接头处用铁丝、螺旋卡箍等扎紧。

（3）供气系统的安装。氩气瓶应固定可靠,防止倾倒伤人及损坏减压器。装减压阀前,先将阀门口的尘土吹净,并转动阀门4周左右,重复开关1~2次,检查阀有无异常。

若发现减压器和气瓶螺纹制式不同时,不能盲目安装,以免损坏接头螺纹,应该加接过渡接头。若螺纹拧紧后连接处仍漏气,可在其中加垫密封垫圈后再拧紧。在安装气管时,应先检查管子中是否有水分,若有水分要用干燥压缩空气或$CO_2$吹干,直至完全去除水分后再进行装接。气管应尽量拉直,防止急弯,各接头应扎紧,防止脱落和漏气。

（4）焊炬的安装。把选定的焊炬平放在地上,将电缆、气管、水管及控制线等分别拉直,避免相互缠绕,然后用胶布或塑料带间隔300mm左右分段扎紧。最好将焊炬的电缆及管子套装在防护套管内,以防止在使用过程中的磨损和擦伤。在接控制箱之前,应先用压缩空气吹管接头来分清气管与水管。若有气体从焊炬喷嘴中喷出,即为气管,若有水从回水管内流出,即为水管。然后,分别将焊炬电缆及管子接在相应接头上。焊炬的电缆线和进水管一般装在一起的,并用专用接头和焊机连接。

**3.安装后的检查及调试**

焊机安装完成后,应按电气接线图及水、气路安装图进行仔细检查。然后,接通电源、水源和气源,打开气体调试开关,检查气路是否畅通及有无漏气故障。检查水源开关动作是否灵活,以及回水管是否有足够的回水流出,有无堵塞及漏水现象。水路、气路检查正常后,可进行试焊,并检查焊接程序是否正常,有无异常现象。

### 8.4.3　TIG焊接电源及其使用

为了减少焊接过程中因移动焊炬而引起的弧长变化对焊接电流的影响,TIG焊电源要求具有陡降外或垂直陡降外特性。 伺服焊钳的安装与配置 目前,我国生产的TIG焊机,某些型号只包括控制箱和焊炬,电源需另外选配;大多数制成焊炬、控制箱一体的专用TIG焊电源。前者可灵活配用电源,可同时作为手工弧焊电源使用,从而提高焊接电源的使用率;专用TIG焊电源结构紧凑,使用及移动方便。

TIG焊电源一般分为交流和直流两种,近年来出现了交直流两用的TIG焊机,以及配套用交直流两用电源,可通过转换开关改变其输出特性。

### 8.4.4　TIG焊接电源参数

#### 1.空载电压

TIG焊电源的应选用相对较高的空载电压,以保证引弧容易、电弧燃烧稳定,但在TIG焊机的空载电压的交流有效值或直流平均值应小于等于80V。

#### 2.电源的外特性

TIG焊接要求电源具有陡降外特性,如图8-20所示。这样,可以保证焊接过程中焊接电源不随着弧长的变化而变化。根据我国标准,外特性曲线工作部分斜率应大于7V/100A。

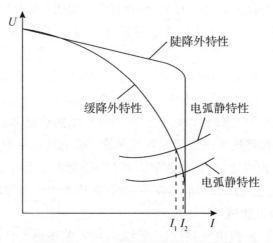

图8-20　TIG焊接电源的静外特性曲线

## 思考题

1.什么是TIG焊接？有哪几种TIG焊接方法？

2.简述TIG焊接的各技术参数的含义。

3.TIG焊机有什么特点？试完成YC-300TSP焊机的参数设置。

4.试完成一种TIG焊机器人系统的集成方案。各项功能和条件要求自行拟定。

5.简述TIG焊接系统的安装与调试要点。

# 参考文献

[1]孙慧平,张银辉,卢永霞.焊接机器人系统操作、编程与维护[M].北京:化学工业出版社,2018.

[2]孙慧平,李泽军,王飞.工业机器人技术基础[M].长春:吉林大学出版社,2020.

[3]郭洪红.工业机器人技术[M].西安:西安电子科技大学出版社,2006.

[4]翟浩,孟国强,王彩凤.常用焊接变位机种类及其选用原则[J].工程机械与维修,2013(11):179.

[5]韩鸿鸾.工业机器人与CNC机床集成上下料工作站技术应用[J].金属加工(冷加工),2018(01):72-75.

[6]蒋名宇.工业机器人抓取手臂的结构设计[J].科技风,2015(03):36.

[7]白蕾,张小洁,侯伟.基于工业机器人的智能生产线设计与开发[J].工业仪表与自动化装置,2018(03):69-72.

[8]姚磊,覃正海.浅谈焊接机器人系统自主集成实施的过程控制[J].装备制造技术,2013(12):195-197.

[9]姜楚峰,潘传奇,马野,王磊,张芝虎.工业机器人的末端执行器结构分析综述[J].大连交通大学学报,2012(12):1-24

[10]中华人民共和国国家质量监督检验检疫总局,中国国家标准化管理委员会.工业机器人安全实施规范:GB/T20867-2007[S].北京:北京机械工业自动化研究所,2007.

[11]高长宏,戴子兵.KUKA机器人工作站的变位机控制系统设计[J].南方农机,2018,49(11):24.

[12]康艳军,朱灯林,陈俊伟.弧焊机器人和变位机协调运动的研究[J].电焊机,2005,35(3):46-49.

[13]周永强.基于变位机的多功能机器人实训台的自动控制[J].机电工程技术,2021,50(1):100-102.